河北省第四届（邯郸）园林博览会
The 4th (Handan) Garden Expo of Hebei Province

学术交流论文集
Collection of Academic Exchanging Papers

《河北省第四届（邯郸）园林博览会学术交流论文集》编委会 编

中国林业出版社
China Forestry Publishing House

图书在版编目（CIP）数据

河北省第四届（邯郸）园林博览会学术交流论文集 /《河北省第
四届（邯郸）园林博览会学术交流论文集》编委会编 . -- 北京：
中国林业出版社，2021.5
ISBN 978-7-5219-1081-0

Ⅰ . ①河… Ⅱ . ①河… Ⅲ . ①园林艺术 – 河北 – 文集Ⅳ .
①TU986.622.2-53

中国版本图书馆CIP数据核字(2021)第048437号

《河北省第四届（邯郸）园林博览会学术交流论文集》编委会

顾　　问： 卢耀如　　王焰新　　夏　军
名誉主任： 康彦民　　张维亮
主　　任： 李贤明　　潘利军　　杜树杰　　王彦清
副 主 任： 朱卫荣　　王　哲　　温炎涛　　陈玉建

主　　编： 岳　晓　　李少锋　　白建功　　李　杰　　李同强
副 主 编： 王　旭　　朱新宇　　武荣芳　　赵慧菊　　张　翀
执行主编： 齐凤华　　王炜炜
编写人员： 王如安　　李振刚　　张生峰　　黄海玲

文字编辑： 李　娜　　李　清
外文编辑： 陶竞搏
美术编辑： 王　婷
策划执行： 北京山水风景科技发展有限公司

中国林业出版社·建筑家居分社
责任编辑：王思源　　李　顺

出版：中国林业出版社（100009 北京市西城区刘海胡同7号）
网站：http://www.forestry.gov.cn/lycb.html
印刷：北京博海升彩色印刷有限公司
发行：中国林业出版社
电话：（010）8314 3573
版次：2021年5月第1版
印次：2021年5月第1次
开本：1/16
印张：11.25
字数：200千字
定价：268.00元

序言
PREFACE

2020 年 9 月 −11 月，河北省第四届园林博览会在邯郸市举办，本次园博会以"山水邯郸，绿色复兴"为主题，聚焦生态修复、乡村振兴，将昔日工业污染地区打造成为生态秀丽的自然美景。期间举办的风景园林国际学术交流会，是园博会系列活动的重要内容，也是邯郸市学习国内外先进理念与经验，加强生态文明建设的一次难得机会。

本书是园博会期间国内外专家学者研讨成果、学术观点的汇编，相信对推动邯郸生态园林建设、城市转型升级，加强河北省和国内外城市园林领域交流合作、改善城市人居环境，都具有积极的意义。

位于河北省南部的邯郸市，总面积 1.2 万 km²，总人口 1058 万，是国家历史文化名城、国家园林城市，也是京津冀协同发展规划纲要和中原经济区规划定位的区域性中心城市，是文化厚重的历史之城，风景宜人的美丽之城。

近年来，邯郸市以建设富强、文明、美丽的现代化区域中心城市为目标，认真践行生态发展、高质量发展理念，科学布局"生产、生活、生态"三个空间，认真做好"水、绿"两篇文章，大力推进生态文明建设，积极加快产业转型升级，激活城市发展活力，统筹城乡融合发展。依托邯郸厚重的历史文化积淀，注重生态修复、文化传承，发挥邯郸生态建设和绿色发展的新优势，建设更加健康宜居、可持续发展的城市。

"十四五"期间，邯郸市将坚持"绿水青山就是金山银山"理念，深入实施可持续发展战略，促进经济社会发展全面绿色转型，建设人与自然和谐共生的现代化。改革发展任务越是艰巨繁重，越需要强大的智力支持，未来，邯郸市将进一步吸收专家智慧，借鉴先进经验，推动风景园林和城市建设事业再上新台阶，以更美姿态实现高质量发展新嬗变。

目 录
CONTENT

C目　录
CONTENT

河北省第四届（邯郸）园林博览会风景园林国际学术交流会综述

Summary of the Landscape Architecture International Academic Conference in the 4th(Handan) Garden Expo of Hebei Province

　　2020年9月16日，河北省第四届（邯郸）园林博览会在邯郸盛大开幕。本届园博会以"山水邯郸，绿色复兴"为主题，遵循"城市双修，乡村振兴"理念，结合本市地貌，把"海绵城市""智慧城市"等现代元素融入其中。开幕式当天下午组织召开了风景园林国际学术交流会，共话健康宜居与城市可持续发展问题。众多院士、国际组织领导、国际大师及国内外专家通过现场演讲或网络直播方式，就绿色空间营造、城市韧性、公园城市、城市生态、城市设计与城乡风貌等话题展开交流研讨，为城市未来发展献计献策。

　　本次风景园林国际学术交流会由河北省住房和城乡建设厅主办，邯郸市人民政府承办，亚洲园林协会支持，中国风景园林网、国际设计网策划执行，是园博会一项重要活动内容。

　　邯郸位于河北省南部，西依太行山脉，东接华北平原，地处晋冀鲁豫四省交界，是东出西联、通南达北的重要节点，有"钢城""煤都""北方粮仓"和"冀南棉海"之称。本届园博园位于邯郸市复兴区，总占地面积2.828km^2，水系面积约0.6km^2、绿化面积约2.2km^2，规划建设了核心文化游览区、生态湿地保护区、生态修复实践区、地域特色展示区、钢城农趣服务区、齐村民俗体验区和涧沟农旅文化区等7大功能区及13个地市园。邯郸园博会期间，以"生态、共享、创新、精彩"为目标，共策划7类18项活动，内容涵盖学术交流、园林展示、文化创意、商业洽谈等多个方面，打造了万众瞩目、精彩纷呈的园博盛会。

　　邯郸市人民政府副市长朴树杰主持交流会开幕式，并对参会嘉宾表示欢迎。他提到，邯郸是文化厚重的历史之城，风景宜人的美丽之城。近年来，邯郸大力推进生态文明建设，积极提高产业转型升级，激活城市发展活力，统筹城乡融合发展。希望各位专家不吝赐教，为邯郸转型升级献计献策，提供新思路、新方案，同时也希望通过学术交流，搭建一个开放共享、合作共赢的平台，推动邯郸城市建设。

　　河北省住房和城乡建设厅副厅长李贤明出席会议并发表致辞。他表示，河北省坚持生态优先，绿色发展，以创建园林城市和举办河北省园博会为抓手，提升城市建设质量和

品位，营造健康宜居的生态环境。此次交流会将为推动邯郸可持续发展、打造健康宜居生态环境、建设美丽宜居公园城市带来更多的思考和启示，对推动河北生态文明建设创新发展、绿色发展、高质量发展产生积极而深远的影响。

亚洲园林协会主席、马来西亚博特拉大学建筑学院院长奥斯曼·莫哈末·塔希尔也通过视频发表了致辞，希望来自不同背景和专业的演讲者及参会嘉宾分享观点、技术、经验和资源，以帮助大家拥有更高质量的生活。

开幕式之后，中国工程院院士、亚洲园林协会名誉主席、同济大学教授卢耀如，中国科学院院士、中国地质大学（武汉）校长王焰新，中国科学院院士、国际水资源协会主席夏军，新加坡国立大学设计与环境学院原院长王才强，北京林业大学副校长、中国风景园林学会副理事长李雄，北京大学环境学院城市与区域规划系教授、未来城市实验室主任冯长春，奥雅设计董事长兼首席设计师李宝章等专家分别做了主旨报告。专家们提出，当前地球健康、城市可持续发展面临着新挑战，同时也给中国城市绿色发展带来了新机遇。中国需要多借鉴学习先进国家的实践经验，探索公园城市、韧性城市等更适应未来的城市规划建设新模式，以实现绿色发展和更高质量发展。

9月16日晚，国际景观大师、哈佛大学终身教授玛莎·施瓦茨做了一场题为《应对气候危机的设计》专题报告。她结合中国城市的发展状况提出，气候变化带来的风险迫在眉睫，景观师可以通过设计生活空间来应对气候变化。之后，中央美术学院建筑学院副院长周宇舫、奥雅设计董事长兼首席设计师李宝章、英国奥雅纳集团董事兼城市创新中心总经理张祺等专家与玛莎·施瓦茨进行了对话，针对中西方景观语境、未来景观发展趋势等话题进行了深入交流。

9月17日当天举行了4场主题论坛，其中2场以网络直播形式开展。来白美国、英国、荷兰、法国、泰国等国，哈佛大学、麻省理工学院、天津大学、同济大学等高校，以及思邦、怡境、笛东、赛肯思等知名企业的专家，分享了新理念，展示了新案例，为邯郸市乃至河北省的风景园林建设与未来城市发展提供了许多有益的启示。

受疫情影响，本次大会实行创新式云端模式。大会期间，通过智能视频直播技术实时连线全球专家，并利用微博、抖音等新媒体手段进行传播分享，让未到会场者也能感受园博精彩，聆听专家智慧。

◀ **李贤明**
河北省住房和城乡建设厅副厅长

▼ **杜树杰**
邯郸市人民政府副市长

▲ **Osman Mohd Tahir**
亚洲园林协会主席
马来西亚博特拉大学建筑学院院长

◀ **卢耀如**
中国工程院院士
亚洲园林协会名誉主席
同济大学教授

◀ **夏军**
中国科学院院士
国际水资源协会（IWRA）主席

▲ **王焰新**
中国科学院院士
中国地质大学（武汉）校长

▶ **Martha Schwartz**
国际景观大师
哈佛大学终身教授

▲ **Niall Kirkwood**
哈佛大学设计学院学术院长

◀ **Douglas Coolman**
FASLA美国景观协会理事
DULAND DESIGN主席

▶ **曹南燕**
中国风景名胜区协会副会长

▲ 李雄
北京林业大学副校长
中国风景园林学会副理事长

◀ 冯长春
北京大学环境学院城市与区域规划系教授
北京大学未来城市实验室主任

▼ 孔宇航
天津大学建筑学院院长

▲ 李翔宁
同济大学建筑与城市规划学院副院长

◀ Ton Venhoeven
荷兰皇家基础建设部原首席顾问
VenhoevenCS事务所创始人兼首席设计师

▶ Claude Pasquer
法国凡尔赛国立高等风景园林学院教授、雕塑家

▶ **Heng Chye Kiang**
亚洲著名城市规划大师
新加坡国立大学设计与环境学院原院长

▼ **周宇舫**
中央美术学院建筑学院副院长

▲ **包满珠**
华中农业大学园艺林学学院原院长

▶ **邱冰**
南京林业大学风景园林学院副院长

▼ **李宝章**
奥雅设计董事长兼首席设计师

▲ 张祺
英国奥雅纳集团董事
城市创新中心总经理

◀ 钱才云
南京工业大学建筑学院副院长、教授

▶ 张晓鸣
江苏省住房和城乡建设厅风景园林
处原调研员

◀ 赵御龙
中国公园协会顾问
扬州市政协副秘书长
扬州市园林局原局长

▶ 董莉莉
重庆交通大学建筑与城市规划学院副院长

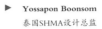

► **Yossapon Boonsom**
泰国SHMA设计总监

▼ **Juncheng Yang**
麻省理工学院房地产创新实验室
与未来都市集体实验室研究员

▲ **郑占峰**
中国风景园林学会规划设计分会副理事长

► **胡一可**
天津大学建筑学院风景园林系副主任

► **Stephen Pimbley**
英国SPARK思邦设计事务所创始人、董事

◀ **刘瑞杰**
石家庄铁道大学建筑与艺术学院副院长
河北省城市人居环境研究所所长

▼ **Lee Choong Hong**
马来西亚JRD景观设计事务所首席设计师

▲ **Sanitas Pradittasnee**
泰国Sanitas Studio创始人、设计总监

◀ **Somkiet Chokvijitkul**
泰国Landscape Collaboration景观事所
合伙人、设计总监

▼ **Paul Peng**
澳大利亚IAPA（艾帕）设计顾问
有限公司董事总经理、主持建筑师

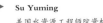 **Su Yuming**
美国水资源工程师院资格工程师
硅砂资源与利用国家重点实验室副主任

◀ **包布赫**
亚洲园林协会地产园林分会副会长
融创文旅集团研发负责人

▶ **白晨音**
LAURENT罗朗景观设计总监

▲ **刘刚**
GVL怡境设计集团总裁

◀ **刘子明**
法国国立凡尔赛高等景观设计学院
DPLG赛肯思首席设计师

▶ **尹化民**
DDON笛东规划事业部设计总监

提升城市建设品质
营造健康宜居生态环境

——河北省住房和城乡建设厅副厅长在风景园林国际学术交流会
开幕式上的致辞

Improve City Construction Quality,
Create a Healthy Living Environment

今天，国内外风景园林行业的知名专家学者相聚在历史悠久、文化灿烂、风景宜人的古城邯郸，采用线上线下相结合的方式，举行河北省第四届园林博览会风景园林国际学术交流会。

首先，我代表河北省住房和城乡建设厅，向本次国际学术交流会的召开表示热烈祝贺，向出席学术交流会的专家学者和各界朋友的到来表示诚挚的欢迎。

河北地处京畿重地，区位优势独特，产业特色鲜明，自然资源丰富，文化底蕴深厚。习近平总书记对这片土地充满深情厚爱，对河北发展寄予厚望，党的十八大以来，先后七次视察河北，作出一系列重要指示批示，为我们做好工作指明了方向，注入了强大的动力。特别是习近平总书记亲自谋划推动京津冀协同发展、雄安新区规划建设等重大战略，给

河北带来了千载难逢的历史机遇。

河北省委省政府深入贯彻习近平生态文明思想，坚持生态优先，绿色发展，以创建园林城市和举办省园博会为抓手，大规模开展植树造林和国土绿化，大力度推进生态修复。第四届园博会今天上午顺利开幕，提升城市建设质量和品位，营造健康宜居的生态环境，成为各地走绿色发展之路的重要体现。

生态优先，绿色发展，需要先进的理念引领。突如其来的新冠肺炎疫情引发人们对健康宜居环境的持续关注，此次会议聚焦健康宜居与城市可持续发展，围绕绿色空间营造、韧性城市、城市设计与城乡风貌等主题开展学术交流研讨，

是风景园林行业的盛会，是第四届园博会系列重要活动之一，将为推动可持续发展、打造健康宜居生态环境、建设美丽宜居公园城市带来更多的思考和启示，对推动河北生态文明建设创新发展、绿色发展、高质量发展，产生积极而深远的影响。

我们期待各位专家学者为河北城市园林规划事业建言献策，帮助我们提高城市园林绿化的水平；希望各位嘉宾朋友有时间多在河北走一走，看一看，留下宝贵意见，予以指导；也希望河北园林界的同仁们虚心学习，拓展思路，提高水平，为全省城市园林绿化事业再立新功。

李贤明
LI XIANMING

河北省住房和城乡建设厅副厅长。

图1 全民庆园博
图2 园博园风光

建设可持续发展的健康城市

——亚洲园林协会主席在风景园林国际学术交流会开幕式上的致辞

Developing Sustainable Healthy City

图3

首先，我很荣幸能参加河北省第四届（邯郸）园林博览会风景园林国际学术交流会，我谨代表亚洲园林协会，向所有参加本次园博会和国际学术交流会的来宾、演讲嘉宾致以热烈的欢迎。

其次，我想借此千载难逢的机会表示我最深切的谢意，并祝贺组委会圆满组织这次盛会。邯郸是一座工业城市，拥有丰富的煤炭资源。美丽的邯郸市是河北省第四届园林博览会的举办地。这次交流会和论坛对我们来说是最及时的，以确保我们将朝着健康的城市，宜居的环境以及创建花园城市

发展，并朝着可持续发展的方向前进。

我希望与来自不同地区和专业背景的演讲者、参会嘉宾分享能够使所有人受益的观点、想法和作品。我相信，通过分享想法、技术、经验和资源，并在与会人员的积极、热情和全面参与下，我们可以实现本次会议及论坛的目标和宗旨，并拥有更高质量的生活。

最后，我再次代表亚洲园林协会，感谢组委会及所有参加本次盛会的来宾，感谢您的光临和支持，并希望本次论坛取得圆满成功。

图1 助力园博会
图2 园博园内节目纷呈
图3 山水邯郸

奥斯曼·莫哈末·塔希尔
OSMAN MOHD TAHIR

亚洲园林协会主席，马来西亚博特拉大学建筑学院院长。

浅谈绿色与高质量发展
Brief Talk about Green and High Quality Development

摘要： 当前绿色发展已成为共识，实现绿色发展需要保护生物多样性，合理、高效开发资源，加快发展科学技术和城市韧性。另外，邯郸要充分利用其地理优势和战略机遇，在京津冀一体化建设中实现更大发展。

Abstract: Now we have reached a common understanding towards green design development. To realize the protection of the variety of species, which is the basic need of green design development, we need to develop resources in a high efficient way, speed up the development of science and technology and reinforce city capacity. At the same time, Handan city needs to make fully use of its territory location, take the chance and grow quickly in Beijing– Tianjin– Hebei province development, continuing effort on landscape expo construction.

关键词： 绿色发展；生物多样性；城市韧性；科学技术

Keywords: Green development, Variety of species, City capacity, Science and technology

中国这几年在生态文明建设方面取得很大的进步，绿色发展已经成为共识。2020 年 8 月，中共中央政治局会议审议了《黄河流域生态保护和高质量发展规划纲要》，国家又出台了一项生态保护和高质量发展的重大战略。

1 实施绿色发展战略，推进生态文明建设

首先，生物多样性非常重要。自然界中的生物多样性，从恐龙时代就已存在。恐龙灭绝后，生物多样性继续发展。老虎、狮子是兽中霸王，但是世界

上不可能只有老虎、狮子称霸。电视里就可以看到，非洲斑马群过河的时候，狮子在边上一动不动。也就是说，自然界中必须有多样性的存在。本届园博园建设比较好的一个方面，就是更多地反映了生物多样性，而且不只是植物，还有动物（图1～图6）。

第二，要绿色发展，应合理、高效地开发资源。现在能源问题是个很重要的问题，我们在能源方面要不被"卡脖子"，就应当大力发展太阳能、风能等清洁能源。初步测算，中国地热能开采1%，每年就相当于100亿t煤的热量，非常可观。另外，还要考虑水土资源合理的配备。发展绿色经济，要在资源开发建设上贯彻生态文明理念。

第三，防治自然灾害。当年的邢台大地震，也对邯郸造成了损失。今后我们要更好地防治自然灾害，避免过度开发诱发自然灾害。

图1

2 正确并精准定位，推进京津冀协同发展

邯郸是京津冀重要的区域性中心城市。邯郸未来如何发展，需要从京津冀"三位一体"协同发展角度考虑，需要探究自己能为协同发展贡献些什么。全国科学大会曾专门做过一个报告，建议三地成立综合办公室来防止灾害，更好地开发资源特别是水资源。国家提出京津冀一体化，在一体化发展中，各城市要更多地考虑如何贡献自己，同时也实现自己更好的发展。

3 大力发展科学技术，实现高质量发展

科学技术需要高质量的发展。比如现在水土资源的配置，以及土地上如何能更好地生产粮食等，都是需要考虑的。最近，韧性城市国际研讨会暨长三角一体化地下空间高质量发展论坛在温州举行，杭州钢铁集团（杭钢）在会上做了一个很好的报告，介绍了他们清除污染的经验。温州把杭钢的专家请去，进行地下污染的治理，处理得非常好，同时也开拓了地下空间。而以前，地下空间更多只是

为了轨道交通，为了城市之间的连接。长江三角洲在地下空间开拓方面做得较好，杭钢起着很大的示范作用，所以能够在大会上向国外传播。

再说到韧性城市，什么叫韧性？就是说这个城市的环境能够战胜一些灾害而继续发展。城市可持续、高质量的发展，最主要的就是通过科学技术解决当地的问题，以及进一步解决周边的问题，让城市环境更美好，能够更好地防灾减灾并能有效地利用各项资源。

绿色发展要结合高质量的发展，地域环境是一项重要基础，需要综合考虑它各方面的效应。一方面，要防止自然灾害。另外一方面，要防止工程诱发不同的灾害。要特别注意到工矿企业污染地下水和地表水，对这样的情况要开展科学研究，进行更好的综合治理，促进城市更高质量的发展。

希望邯郸通过举办园博会，能够发展得更加美丽、更加健康。邯郸有着光荣的传统，当年"我们战斗在太行山上"，今后，要更高地举起生态文明建设旗帜，实现高质量发展，为京津冀协同发展作出更大贡献。

图1 邯郸园博园远眺
图2 推进绿色可持续发展
图3 园博园花草繁茂
图4 园博园内供游人休憩的特色小亭
图5 山水邯郸，绿色复兴
图6 园博园北门雕塑

卢耀如
LU YAORU

中国工程院资深院士，工程地质、水文地质与环境地质学家，中国地质科学院研究员，同济大学教授，亚洲园林协会名誉主席。主席长期从事岩溶地质的科研和工程实践，曾为援外大型工程高级专家，并在欧美及港台地区讲学。由于在岩溶（喀斯特）研究上的贡献，被国内外学者誉称"喀斯特卢"，曾获"李四光地质科学奖"荣誉奖。

韧性城市建设的水系统科学与实践

Science and Practice in Water System – Resilient City Development

摘要： 随着我国城市化进程的加快，城市在水安全方面面临巨大挑战。本文通过梳理国际上水资源管理理念的发展，以及在国内的一些应用研究与实践，提出韧性城市水系统建设的三个关键方面。

Abstract: With the fast paced Chinese city development, the city meets a great challenge in water security. Looking back the water resource management history and idea and making a conclusion of the latest study and practice, we bring in the three aspects of developing a resilient city.

关键词： 韧性城市；水安全；城市水循环

Keywords: Resilient city, Water security, City water cycling

1 城市发展面临的环境发展和水问题

城市发展面临着环境变化和水的问题（图1）。中国的城市化进程在加剧，尤其从 20 世纪 80 年代以后，城市化发展速度非常快，如何明智地管理城市中面临的水安全问题是个巨大挑战。这个挑战涉及多种影响。

首先是气候变化的影响。由于全球气候变化，水资源供需矛盾暴露敏感性。在全球变暖情况下，华北、东北是我国粮食主产区，粮食产量占全国 2/3，水非常关键。另一方面，在全球变暖的背景下，我国的洪涝灾害、极端事件在增加，尤其今年的长江、黄河、淮河，甚至北方洪水的影响，非常突出。根据气候变化专门委员会做的研究和判断，长江、黄河、淮河洪涝灾害极端事件发生的频率与强度一直在增加。

其次土地利用的变化。武汉市在 20 世纪 90 年代、2000 年、2008 年、2017 年的相关情况显示，快速的城市化发展会导致土地利用和覆盖发生显著的变化。

另一方面，城镇化过程中，城市里的河湖受挤占而萎缩，湖泊的退化急剧增加，触目惊心。当前和未来城市发展的问题，或者说城市病，第一个就是"城市看海"，城市内涝、水灾害，包括今年高强度的暴雨。还有雨水管道变成污水排放的管道，所含氨氮相当高，导致城市出现黑臭水体，还有城市垃圾、生活污水排放堵塞等问题。以武汉为例，2016年汛期暴雨造成"全市看海"问题，86 万余人受灾，直接经济损失 22.65 亿元。

因此，如何建设应对环境变化压力、具有韧性的城市，实现城市的绿色发展，是现在面临的重要问题。

图1

2 城市水系统理论与方法

人类居住在地球上，地球科学的发展最早在 20 世纪 80 年代，那时人们就关注到全球气候变化，后来强调地圈生物圈计划，包括水循环，再后面进一步扩展到生物多样性，这已经需要人文计划去参与发展（图 2）。

到 2011 年，形成了地球系统联盟，全球水系统聚焦于全球，也聚焦于城市和流域的水系统。2003 年启动十年计划，即"未来地球"。这是关于地球系统科学发展的脉络。

水系统研究方面，2014 年开始全球水系统计划，强调了水循环是地圈、生物圈、人类圈的纽带，也是城市建设重要的一环。从城市的角度，城市的水质、水生态，还有城市建设的人文过程，受经济发展影响，是一个系统，它们相互联系，相互作用，形成健康的、绿色的城市发展，否则会导致水灾、水污染、生态退化、城市污染等一系列问题。

良性的水循环和水系统，是人类建设非常重要的基础。如果再进一步讲，城市建设是复杂的系统，其中包括水库的城市供水联系了工业用水环境，以及地表水、地下水生态型的发展。城市水循环与水系统的发展是有过程的，传统的城市水循环系统，基本上是污水处理厂和自然水厂作为核心的城市水循环，它是从原始的农村、乡镇发展到城市。城市发展面临越来越多城市病的问题，现在要考虑的是怎么解决城市病的问题。

国际上现在提出城市低影响开发（LID），也就是城市的发展尽量要保护生态环境、水环境，让暴雨、洪水等灾害的负面影响减少到最小，这样的发展叫 LID。澳大利亚提出敏感性城市建设，城市要做到良性的水循环。中国的城市化从 20 世纪 80 年代起，现在提出海绵城市，即城市要像海绵一样，可以在暴雨时候吸水，海绵城市建设成为解决中国城市病的重要方法（图 3）。

2015 年，习近平总书记专门做了关于海绵城市建设的指示，提出在提升城市排水系统时要优先考虑把有限的雨水留下来，优先考虑更多利用自然力量排水，建设自然积存、自然渗透、自然进化的"海绵城市"（图 4）。后来住房和城乡建设部印发《关于推进海绵城市建设的指导意见》，以此来推进海绵城市的建设。针对海绵城市建设，希望能通过城市水体绿色的发展，来实现城市的环绕，这就是 2017 年提出的海绵城市 4.0 版。

在武汉等一些大型城市的海绵城市建设实践中，发现城市 LID 并不能完全解决海绵城市面临的问题，因为目前面临的是多层次的问题，要考虑怎么把系统串在一起。比如武汉市这么多暴雨，光靠小区是不能完全解决问题的。如何处理好真实的水系统，要把城市的水循环、水污染等问题，提升到综合治理的角度。中国的北方也有类似的问题，比如

2012 年北京的"7·21"严重涝灾，损失 116 亿元。针对这个问题，在 2017 年笔者提出了城市水循环系统 5.0 版。

LID 和城市郊区的海绵城市建设，应该跟江河湖连在一起，形成多尺度的水循环系统。根据水循环不同尺度水量、水质、水生态和社会经济的发展，提出 5.0 的版本，将传统的城市绿色发展跟污水处理厂融为一体，进行系统治理，从源头控制，过程管控，末端治理，向系统治理方向发展。

3 韧性城市水系统建设的三个关键

城市水循环系统 5.0 的本质，简单地说，就是水循环支持城市的规模，城市的规模反过来制约和约束水循环。水体被污染、缺水、发生洪水，都是不健康的水循环。水生态和水环境之间是相互联系，又相互制约的。城市的绿色发展和城市的高质量发展，离不开水作为联系纽带的重要作用。

想发挥水循环纽带的作用，首先要重视城市水循环的技术能力，它具有高度非线性的特点。现在很多城市模型，精度需要进一步提高。在这方面，2016 年以后提出城市产流 1.0 版，这个模型的特点就是将城市化与水微循环连在一起，既有产流模块、城镇绿地的构建，还有城市地表汇流和管网模式的计算。此外，水循环和暴雨冲刷的过程也伴随着城市垃圾的产生，整体框架有径流模块，有水质模块，为城市建设、环境治理、城市内涝防治或者防洪减灾以及城市生态环境建设提供了非常重要的基础。

在发挥水循环的联系纽带作用，构建韧性城市水系统建设中，有 3 个关键不容忽视。

城市水承载能力的研究与应用。习近平总书记提出"以水定城、以水定产"。水究竟能够支持多大规模的人口数据与城市规模？如果以"人—水—城"互动关系 5.0 版本来看，在水循环的联系与制约下，人的需求同保障能力之间其实存在着矛盾与统一的关系。比如需求方面，城市经济社会发展

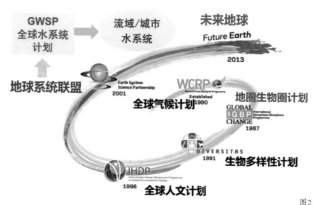

图2

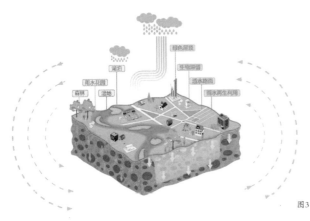

图3

用水既要保证供水量，也要保证供水水质，这里面不仅有一系列的指标，而且在实现两者达标上其实并不容易做到。

要研究城市水循环系统5.0支撑下的城市绿色发展及对策。所谓的绿色发展是建立在生态环境污染和资源的约束下，将环境生态保护作为实现可持续发展的支柱。绿色发展首先是人与自然和谐相处，另外是以绿色低碳为主。如果浪费资源，就不是绿色发展。它是以生态文明建设为抓手，做到人与自然和谐发展。且不提城市绿色发展的路径有多少，单论评估美丽中国、美丽城市高质量发展目标，就包括"天蓝""水清""地绿""业兴""人和"5方面的绿色发展体系。

关于人与自然和谐发展，通过水、生物多样性、生态服务、城市发展规模和文化等多维管理，增强城市系统弹性，达到维系生态和人类发展的可持续性。城市要增加韧性和弹性，关键就要加强水循环，包括城市规模发展，城市第三产业的发展，最终达到城市生态和人类可持续，这是非常重要的，是城市规划建设首先要解决的问题。武汉市和重庆市在希望提高人、水、城和谐发展方面，曾做出了一些举措，包括水和管网生态修复，面源、点源的治理。留给人们的是，

实践当中，在什么地方防止风险？城市的黑臭水体，如何通过摇杆识别来快速甄别，以及在现场查勘中，如何对黑臭水体致黑的物质进行实时监测和监控？此外还要有一些科学和先进的技术来治理黑臭水体，支撑城市绿色发展和高质量发展，以上都是城乡建设要解决的问题。

4 小结

变化环境下的城市建设与发展，面临着来自水与气候、水与环境、水与生态、水与社会以及它们之间联系的水系统科学问题的挑战。城市水文学及水系统科学的发展面临新的机遇，城市规划建设要科学管控，科学治理，科学绿色，科学管理。

针对城市水问题需求，提出城市水文非线性理论的1.0模型和城市水循环系统5.0，强调自然科学与城市管理社会经济、社会科学交叉融合，希望应用检验与进一步实践。

人居环境与韧性城市的核心问题，是城市高质量的绿色发展。要真正做到这一点，光靠一个部门或单一的制度方法是不行的，要走系统治理的思路。在治理的手段或者是途径上，建议以政府为主，产学研用协同创新。

图1 健康的水环境
图2 地球系统学科发展与水系统前沿
图3 海绵城市雨水收集利用
图4 海绵城市示意图

夏军
XIA JUN

中国科学院院士、国际水资源协会（IWRA）主席、国际水文科学协会发展中国家专门委员会主席、中国自然资源学会副理事长、武汉大学水安全研究院院长、海绵城市研究中心主任。

地球健康——挑战与解决方案
Global Health: Challenge and Solution

摘要： 地球是人类唯一的家园，人体健康和环境健康要一体化考虑。本文通过一系列研究数据发出警示，中国的水安全形势十分严峻，水质性缺水问题急需解决。对如何加强水资源管理，文中提出了依法治水、改进监测系统、原位修复地下水等多项建议。

Abstract: The earth is our single homeland. We need to take in to consideration the integration of human health and global health. The article gives alert to us through a series of date base, water security becomes a serious problem. We need to find a quick solution to solve water shortage problem. To answer the question "How to solve the sharp question on water shortage? " In the article, we give solutions like Water Control Based On Law. Surveillance Improvement, On-Site Restorations etc.

关键词： 地球健康；水环境安全；水资源管理

Keywords: Global health, Water security, Water resources management

1 地球健康需要进行一体化管理

2020 年发生的新冠肺炎疫情，让健康问题引起了全社会、全人类前所未有的关注。对长期从事环境科学领域研究的工作者来说，人体和生命的健康根本上要靠地球的健康，因为地球是生命唯一的家园。

2019 年联合国环境署发布的报告"健康的星球，健康的人类（Healthy Planet, Healthy People）"（图 1），反映了现在备受关注的水体富营养化问题，流入生物圈和海洋的氮和磷已经超过全球可持续水平，美国也没能幸免。如何形成可持续的健康星球和健康的人类生活？其核心是政策的选择。一个正确的政策可能会带来可持续发展，不正确的选择可能会导致不可持续发展。

美国宇航局 1998 年的卫星图像显示，非洲的沙尘从撒哈拉沙漠，通过大气圈进入了加勒比海和美国佛罗里达。这个现象表明，我们是在同一个星球上，有环境问题谁也别想幸免。

2004 年，国际医学界提出一个新的概念，叫"同一健康（One Health）"，核心要义是人类健康是我们最关心的（图 2）。但实际上不要忘记，我们星球上还有其他动物，更不要忘记我们生活在自然环境里面。所以人体健康、动物健康和环境健康要一体化考虑，从医学管理和健康管理角度，要一体化推进，这样才能真正实现各自目标，形成一个真正健康的星球。

"同一健康"的概念就是整体性、跨学科、跨行业的健

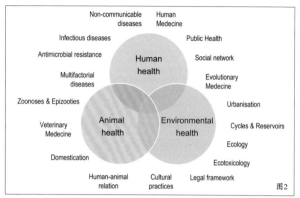

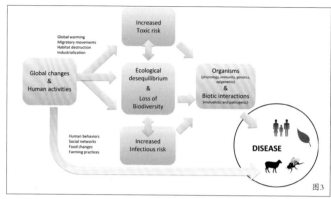

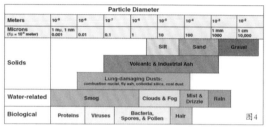

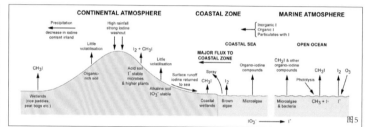

康管理模式。2018 年有国外学者指出，传染性、感染性和有毒有害物质的风险是相互作用的（图 3）。由于全球的变化和人类活动，导致健康有害物质释放，生态系统失衡，生物多样性丧失，增加了传染性疾病的风险。这三方面都会作用到有机体、生命体上，再加上生命体之间的相互作用，最后就导致疾病出现。这也是体现整体观和系统观概念的一个很好的例子。

地球上的物质，空气、水、土壤、石头、岩石都是有颗粒大小的（图 4）。从健康角度出发，该关心什么？对肺部来说，最要命的颗粒大小从小于 1nm 到将近 100μm。现在常说的 PM2.5 不是什么新鲜事物，发达国家早就注意防治了，而我们这几年才开始重视。病毒则是几 nm 到 100nm 之间，可以通过气溶胶吸入到肺部。

对于一体化健康的研究来说，研究路径和过去的环境研究是不一样的。它是从影响健康的有害物质的来源到迁移路径，再到食物链，最后才到暴露和风险评价。完成这项工作，需要做的模型参数非常多，涉及排放活动、有害物质化学性质、气象数据、环境参数，以及暴露因素等，过程极其复杂。

2 世界和中国的水环境问题

除了颗粒之外，物质的最底层是元素，很多元素都是人体离不开的，离开了一定会出问题。有的则是绝对不能有的，多了一定出问题。比如碘，是全球循环的元素，到地球内部都可以循环（图 5）。碘在人体里的甲状腺系统中存

在，碘缺乏会导致甲状腺结节，碘摄入过多同样会导致甲状腺疾病。有关数据显示，全世界过量摄入碘的国家已经将近 24%。碘可以通过食物摄取，也可以通过喝水、吃药摄入，碘摄入之后会转成可摄取的碘，同样可进入甲状腺系统。

治疗肾结石的医生提示，结石病跟水的硬度有关系。美丽的桂林山水，就含有碳酸盐。通过喝水，碳酸盐会进入到人体，在一定条件下会导致结石病的发生，尤其是肾结石。也就是说，一些元素会引起健康问题。

再比如水里面的砷污染，全世界都有，并且这个问题是非常严重的。干旱和半干旱地区，包括河北在内，缺水地区高砷水的分布非常广泛，这种情况加剧了区域缺水的现实，即水质性缺水。

再以中国为例看水安全的问题，这也是健康地球的核心指标。地球是目前已知唯一最美丽的星球，也是人类唯一的家园。它之所以是"最美丽的星球"和"唯一宜居的家园"，是因为有水。水的安全可持续供给，现已成为地球宜居性最核心的科学问题。

中国可持续饮用的地下水，水质比较差的在北方地区，包括华北地区。这个地方正好是干旱地区，是严重缺水的地区。我们国家地下水的安全存在很大的问题。

中国缺水严重的地区，同样是北方地区。中国由于地貌广阔，地质条件极其复杂，地下水资源的分布在空间上呈现强烈的非均匀性。南方是富水的，地表水很多，北方是缺水的，地表水不发育，供水形势十分严峻。

2018 年在国际上发表的研究文章显示，我国的高砷高碘地下水在北方地区重点分布。北方本身就缺水，水质又不好，就会导致缺水形势更加严峻。我国对高碘水的研究这几年刚刚开展，华北平原是高碘地下水主要分布区域，目前研究工作正在开展。

过去 30 年来，中国地下水开采量持续稳定增长，与 GDP 增长基本同步，但有 400 多个城市的地下水都是被污染的，在华北平原、长江三角洲和珠江三角洲地区，污染最为严重。而且这些水很多是供水水源，供水安全问题非常令人担忧。

3 中国地下水可持续安全供给面临的挑战

对中国来说，地下水的可持续安全供给面临哪些挑战？大致有 6 个方面。一是区域性的地下水水位下降和资源枯竭，二是过量开采地下水引起地面下沉，三是荒漠化面积扩大，四是人为的污染，五是天然背景条件下富集的有害物质，六是生态系统的退化。

举一个地下水位下降的例子，在邯郸所在的华北平原，从 20 世纪 60 年代到 2000 年，形成大面积的地下水位持续下降，且下降的趋势非常明显，下降速度非常快。在全球范围内，地下水也在快速下降。

华北平原对研究水资源尤其研究地下水资源来说，是最具有典型意义和重要意义的。放大到北方地区，遭受同样命运的有多少？比如，北方地区有很多已经干涸的泉点，山西的水资源总量持续衰减。怎么解决这些问题？作为科学工作者、科技工作者，不能光发现问题，更要提出一些解决方案。

4 水资源管理解决方案

本文提出加强水资源管理的建议如下：首先，强化地下水资源管理。第二，改进监测系统。第三，原位修复地下水含水层。第四，南水北调。

首先，强化地下水资源管理，就必须要依法治水，用法律手段管好地下水。

第二，改进监测系统也非常重要，比如长江流域，空间分布和平面分布完全不一样，非常扭曲，只有通过长期的系统监测，才能得到有效的数据。根据监测的数据，随着时间的变化，在长江流域发现了高砷的地下水，非常令人担忧。不同的月份，砷浓度是波动的，最高可以到 1000 多 ppb（十亿分之一）。而人的饮用水，能耐受的砷含量是 10ppb，超标了 100 倍。这样的监测系统在我国非常薄弱，极不完备，所以搞城市设计的时候，千万要留一点空间，以便能监测地下水的变化。尤其对河北省来说，地下水是"命根子"，非常重要。

第三，要发展一些廉价高效的地下水修复技术。地下水被污染后，注入氧化器，将处理后的干净水抽出来，用新的方式，就可以原位处理被污染的地下水，这叫环境修复。这在一些场地已经得到应用，但仍缺乏大范围的应用。

第四，南水北调，是把其他地方的水调过来，成效非常显著。南水北调中线工程实施之后，华北平原由于地下水开采引起的地下水位下降已经减少了 20%，可以说水位得到了有效控制，不再持续快速下降。

此外，还要特别强调两点。对于变化环境下的水安全来说，需要通过了解过去来认识现在。了解过去是十分困难的，需要多学科的协同攻关。研究目的是通过了解现在，预测未来。预测未来非常困难，因为未来会面临气候变化、海平面变化、地表水变化，以及灌溉活动、人类水利活动、土地利用的变化。土地变化会带来水循环的变化。地球是一个整体，需要在变化的环境下把有害部分降到最低，将有利部分发扬得更好，促进地球更加健康，从而保障人类健康。

图1 地球健康
图2 同一健康
图3 传染性和毒性风险及其相互作用
图4 土料粒径
图5 碘元素的全球地球化学循环

王焰新
WANG YANXIN

中国科学院院士，中国地质大学（武汉）校长。

设计如何助力气候危机减缓和促进陆基型解决方案

Design for Climate Crisis: Mitigation and Land Based Solutions

摘要： 当前的气候变化以及气候变化所带来的风险迫在眉睫，在应对全球气候变化中，景观设计师是不可或缺的一环，通过景观设计来干预减缓气候变化，能让我们的城市变得更加美好。文中以波士顿为例，向人们展示了如何通过设计人们的生活方式和生活空间来应对气候变化。

Abstract: Climate change and the threat caused by it become a crucial problem. Facing climate change, landscape architect plays an incontestable important role. A better use of landscape design can alleviate the bad effect of climate change and makes the city life become better. Taking Boston as an example, it tells us how to face climate change by design city life style and our living space.

关键词： 全球环境现状；可再生能源利用；可持续发展

Keywords: Global climate change, Sustainable resources, Sustainable development

1 全球环境现状

当前全球气候温度比工业革命前上升了 1.1℃，气候变化在全球各个国家的情况都不尽相同，各个国家各个城市对气候变化的感受也是不同的（图 1）。

中国在过去 30 年间，GDP 保持着百分之十几的速度高速增长，创造了经济奇迹，但高速发展的经济也对土地与环境造成了负面影响，如土地退化、空气污染、物种濒临灭绝等。从整体而言，中国在向前发展的同时，也付出了环境污染的代价，现在中国碳排放量占全球的 28% 以上。学会与环境共存，在生产和环境之间找到一种平衡，是目前迫切需要考虑的。

减少二氧化碳的温室气体排放是最基本的要求，它既可达成可持续发展目标，又保护了环境。美国结束使用会产生二氧化碳的传统能源，转为使用可再生能源，中国需携手参与到低碳排放的行动中，达成低碳排放目标。

图1

2 气候变化危机

2020 年的天气是变幻莫测，难以预测的，美国北部经历了极端的自然灾害天气，在河北，也面临着海平面上升的问题，而这是很多沿海城市在扩大生产时都会遭遇的情况，这会影响到城市发展。这也是我们现在所面临的困境（图2）。

政府间气候变化专门委员会的报告显示，在 2050 年，天气会变得更加炎热，全球平均温度会上升 2℃，而每提升 1℃的背后是巨大的能量的产生。

如图3所示，纵向代表气温，红线部分代表上升 2℃，它随着时间的推移而递增。科学家可以告诉你明天会发生什么，但是会有不同的选择方向，不同颜色的线代表着未来不同的情况。

黑色的线代表依照现在的状况继续发展，未来会发生什么。在 2100 年，地球平均温度会上升 5℃，人类面临生存危险。而当我们开始降低二氧化碳的排放，环境就会得到改善，我们的生存环境将变得更为健康。

人类在极端炎热的气候下很难生存，随着气温升高，人口数量会降低。在阿拉伯联合酋长国，气候炎热，人们足不出户。炎热的天气也会产生干旱，科学家已经作出预测，哪些地方会面临干旱的气候现象，哪些地方又会面临更为剧烈的天气变化。

2.1 水资源与水污染

冰川是人类重要的水源，它对于农业至关重要，很多国家仰仗其水资源。西藏高原是北极、南极洲之外最重要的水源地。西藏水资源补给着周边国家。而冰川融化（图4）会对很多人产生影响。同时气温在西藏高原不断上升，亚洲其他地区也会受到影响，会有更多的冰川融化，雪水减少，降雪减少。

雪水融化会使农作物缺少灌溉。在加利福尼亚，由于冰川融化，农业灌溉受到影响，出现沙漠化、戈壁化的现象。中国有着世界上最干旱的沙漠地域，占可耕土地面积的 40%，土地缺少营养，造成产能难以提高，不能够满足作物产出。

农业废水也带来了很多威胁，它含有很多非有机物质和毒素，当它流进土壤，会影响作物生长，这些植物、农作物当中包含着毒素。土壤中的化学物质，也会影响土壤的质量。如何通过采取一定的措施，保证土壤当中的营养元素，使土壤修复与再生，是亟须思考的问题。

农业生产是非常重要的，其对城市也有很重要的作用。在 2050 年，国家要实现自给自足。所以发展农业不只是要在乡村地区，更要考虑怎么样在城市当中生产作物，提供食品。

2.2 海平面上升与盐水侵袭

海平面上升，是一个不争的事实。中央气候变化指数能够显示出这种变化，全球海平面的绝对上升速度不是特别快——每年 10cm，但是中国，如长江及长江沿岸省份，甚至河北省，都会受到海平面上升的影响。

中国受到盐水侵袭最为严重的地区是沿海，在那里同时面临着淡水紧缺的问题，一些沿海地区正加紧步伐建设大堤建筑，抑或是通过新兴的科技手段，从海水中提取淡水，用于市民的饮用水。虽然说喜马拉雅山脉是人们饮用水的主要供水源，但是现在淡化后的海水、盐水，也是获得饮用水不可或缺的来源。景观设计师要考虑城市景观应当如何设计，从而让景观变成城市基础设施，塑造、推动、促进、保护城市的发展。

2.3 空气污染与温室气体

空气污染（图 5）是我们面临的严峻的问题之一。北京面临着天气污染问题，随着气候变暖，空气质量会变得更糟糕，会产生更多热量，带来更多问题。空气污染指数（API）研究表明河北已经被列为中国十大污染城市之一，污染问题非常严峻，并且未来依旧存在，除非我们立即采取行动。每年在中国有数以百万的人死于肺病，这也是为什么景观设计师需要行动起来，给人们带来洁净的空气。

经济的腾飞给数百万人带来更好的生活，但是它也是空气污染的重要因素，并且造成了城市气温上升。大量温室气体的排放，让太阳光的辐射留存在空气中，使整个地球温度上升。中国是一个大国，这个大不仅在于幅员辽阔，人口众多，更在于它是一个有大国责任担当的国家。中国作为一个负责任的大国，应与欧洲以及其他有担当的国家携起手来，正视气候污染问题。

人类有能力、有机会迎来一个新的时代。如果我们现在大力推广使用可再生能源，大力研发使用新型能源，运用新型科技，掀起新的一波工业革命，在促进经济发展的同时，节约能源和减少环境污染，这些行动带来的福祉将是巨大的。

很多人对减缓这个词的认识不够充分，减缓与适应有本质的不同，通常温室气体浓度上升时，气候变化随之而来，

气候变化会给人们的生活生产带来巨大影响，为了应对影响，人们要么被动适应，要么积极作为，主动减缓这一影响。所以说，减缓气候变化影响是主动出击的行为，是治本的，而适应只是治标。

温室气体会以一定的方式让整个地球温度变得越来越高，排放的大量二氧化碳会让地球花上很长的时间才能吸收，而这些被释放在空气中的二氧化碳和温室气体，似乎并没有停止的迹象。

地球需要多长时间来彻底吸收这些二氧化碳？在未来的地球，会有大约 100 多亿人在生活，如果按当今一般美国人的物质生活需求来计算，到时候会每年排出 216GT 的二氧化碳。而现在空气中的二氧化碳含量已经超过了1000GT，如果人类无所作为，任由现在空气中的二氧化碳像一个巨大的罩子一样包裹着人们，那么地球会持续变暖。所以，为了规划更美好的城市，为了造福子孙后代，人类必须要认识到其对环境的影响，需要行动起来减少二氧化碳的

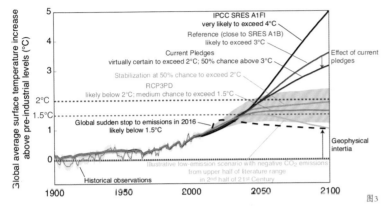

图3

学家告诉人们，自然环境提供了食品，可以变现，还可以提供水资源，而这是非常重要的一点。

在城市规划的时候，要充分利用自然本身的优势，要明白自然资源、自然环境在景观设计当中能够为人们的生活带来什么，这是在城市的变现和进化当中需要考虑的。这也是一个绝佳的机会，让人们重新思考自然环境和城市生活是怎样融合的，就像水、能源和通信，它们如何与自然关联起来。

如今有 1/3 的森林已经退化或者被砍伐，在世界很多地方，大家砍伐森林为了获取利润（图6）。森林对吸纳二氧化碳，有非常重要的作用。所以人们要停止砍伐森林，并且进行大范围的城市植树造林，去思考是否应在停车区或者是公园和那些没有充分利用的区域植树造林，并且如何植树造林。

城市的街道是彼此相连的，在澳大利亚建立的一个森林景观，给当地城市带来了积极影响，它促进人们健康的生活方式，为人们遮阴庇荫。如果没有足够的植被覆盖，城市在未来会面临很大问题。在 2017 年建立的环境事务所，就是致力于解决这个问题。美国的森林研究有很长历史，通过研究森林或者自然环境，使各州保持可持续发展。

3 自给自足的波士顿城

在马萨诸塞州的波士顿，因为据有关预测，在 2050 年，饮用水量会急剧减少，为了解决这个问题，要进行植被覆盖保留水源，因此波士顿开始植树造林，当然这也是可以产生经济价值的。

绿树在其中也扮演着重要作用，线性森林植树是首选方式。森林需要和土壤有生物联系，如果林地和其他环境因素关联起来，就能产生更大的益处，所以我们要在街道进行绿化种植。植物土壤中的真菌是非常小的，但是彼此之间所建立的联系时间是非常长的，并且这种联系是非常紧密与庞杂的。这对水资源也非常重要，真菌能帮助树木存储水分，也能够把水渗透到土壤当中，把矿物质引入到土壤当中。植物也可以把矿物质元素从树叶引入到土壤当中，所以说森林是存在能量的，树木在地表，在地下也彼此联系，它们共同组成一个有机体系，互相补充营养。包括一些昆虫、植物等等都和树木产生互动，形成一个庞大的生物环。在城市中可以尝试种植多种树，城市绿化并不应该选择同一种植物种植，可以根据不同地点，不同区域，根据环境适宜情况，选择不同的树种。

在 2060 年，波士顿面临的情况会是什么样的？波士顿历史久远，城市密度大，有着古老的基础设施，一些区域人口密度大。所以不仅需考虑到海平面上升、海水冲击，同时也要考虑到未来的整体情况。

排放量，找到一些解决方案，而这些解决方案可以是以陆地为基础，陆基解决方案也是目前全球提出二十大应对气候变化策略的重要组成部分。

这里列出的解决方案，是目前排名前八十的解决方案。为了减缓污染，减少温室气体的排放量，我们需要行动。

2.4 城市化与绿色基础设施

到 2050 年，有 70% 的美国人会居住在城市，城市化会是一个巨大的浪潮，那么城市将如何迎接这样一波巨大的新兴城市人口？以纽约为例，在接下来的 30 年，纽约需要建设一大批新的建筑物，需要以创新的方法来设计城市，从而来迎接大批进入城市的新城市人。新推出的解决方案，将是可持续性的和可再生的。虽然说现在的城市越来越多被称为钢筋水泥的城市，但并非一定要如此。

人类现在要改变以混凝土为主结构的城市，改变生存环境。人类要成为自然的一部分，和自然和谐共处。人类要知道环境带来的好处，找到一种共通的工具和解决方式。经济玛莎团队与哈佛的林学院合力研究如何在城市里种植更多树木（图7），并且基于此做了很多预测，为了实现这些预测，设计出了一些工具且产生了一些新的设计理念。在这其中，水管理将作为一个重要课题来研究，比如说雨水的收集和储存。如何将水管理做到极致，不让雨水浪费或是流入到废水系统中。雨水作为一种水源，需要有一种可靠的方式，将它收集和完好地储存起来，这在澳大利亚的墨尔本有很好的实践。在这方面有很多举措，如道路铺设采用可渗透的材质和设计，种植很多适应能力强的树木，使用由一层一层经过黏胶黏合并且压制的木质板。

在波士顿，整个城市的地面铺设材料采用雨水可渗透的材质。整条街道的设计包括路面的铺设，都是雨水蓄积友好型的，现在已被建成风景宜人的湾区。所有的设计都会考虑到这个区域特有的地形风貌，现有的树木会被保护加固，清除区域内那些不易于雨水渗透的地面，换上有利于雨水储存和收集的地面。电子树的理念，是希望树根、树木和地面能够合力将雨水收集和储存起来，通过这种方式更好地进行水务管理。这对于城市来说，也是具有巨大利益的，在进行改造后，这个区域的水电能源费，每年可以节省数百万美金，所以这个项目一方面极具研究价值，同时也极具现实的使用价值。

4 如何在中国实践？

在中国，树木是一种用途很广泛的材料，但是不同城市，对树木的保护和植树造林的态度却各不相同。鉴于当前这种情况，不得不思考在 2060 年，在传统的能源日渐减少和对新能源、清洁能源呼声日益高涨的背景下，人们应当怎么办。其中一个举措就是更多使用电动车和新能源汽车，并且积极利用技术科技革命，更大规模地推广植树造林。

鉴于城市当前情况，一方面保护现有树木，另一方面需要加大种植新的树木，树木可以促进能源节约，给街道带来凉爽的遮蔽，并且作为美丽的装饰，装点街道风景。这些树

图5

图6

图7

木既有利于视觉美观，也有切实的生态作用。

中国的北方，包括河北在内，都面临着地下蓄水层逐渐枯竭的不争事实。对此，首先在建设基础设施的时候，要有意识地来收集雨水，不管是在政府和机构层面还是个人，都可以通过建设一些家庭的或者是小规模的蓄水装置，来收集雨水。简简单单的举措与全民参与的态度就能够解决很大的雨水收集和地下水层补给的问题。

温室气体，它不光会影响到食品安全，还会影响到清洁水安全、空气安全，所以温室气体，海平面上升，农业，所有的这些都是可以行动的方向，并且应将这些考虑到城市基础设施的设计中，考虑城市如何实现自给自足。

5 结语

马萨诸塞州的案例，启发人们做出更好的城市规划。去碳除碳必是未来经济的发展方向，也是人类生存的前提条件。让更多的动物不会灭绝，才会迎来一个崭新的世界。

图1 森林在环境保护中发挥着至关重要的作用
图2 土地干旱
图3 全球气温上升示意图
图4 冰川融化
图5 空气污染
图6 森林被砍伐
图7 城市绿化

玛莎·施瓦茨
MARTHA SCHWARTZ

国际景观大师、哈佛大学终身教授。

景观与健康城市
Landscape Architecture and Healthy City

摘要： 在21世纪，提到景观规划设计时，大家不再仅仅想到北美、拉美、欧洲、中国、印度或者是其他亚洲国家的做法，而是更多考虑因地制宜的设计方法，以城市为中心的设计理念正在崛起。为了向居民提供健康和安全保障，创造更多就业机会，以及提升生活尊严，政府在做规划的时候需要秉承新的理念，遵循新的前进方向。环保主义和城市规划是21世纪的两个主流话题。

Abstract: In the 21st century, when talking about landscape design, it is not only North America, Latin America, Europe, China, India or any single Asian country that comes in to our mind. But looking for a design based on its location. The idea of putting city as its design center is growing. To provide health and security to the citizens and give them more job opportunities and dignity, government should look for new ways for the development. Environment protectionism and city planning become two main topics in the 21st century.

关键词： 规划设计；健康城市；因地制宜

Keywords: Planning and design, Healthy city, Adaptation to local condition

1 健康城市概述

随着社会的进步，越来越多人开始关注城市健康问题，哈佛大学教授 Ed Glaeser 在 *Triumph of the City* 这本书中也强调了城市发展的重要性。景观设计在应对一系列城市问题中起到了至关重要的作用，特别是气候变化、社区连接、公共交通和疫情控制等。

目前的城市健康问题主要集中在极端天气、洪水泛滥、农业受损和工业污染。过去的 10 年里人们都在努力寻求解决方案。James S Russel 在 *The Agile City* 中阐述城市解决方案不仅仅涉及技术和设计层面，同时也涉及个人层面，例如学习健康、弹性、舒适的新语言。

对比 19 世纪和 1978 年的纽约中央公园（图 1），经历了一系列工业革命后，它的功能主要是将自然引入城市，应对公共卫生和开放空间的城市健康问题。深圳中央公园正在进行改造，因为市民对公园的需求在不断变化，所以设计时会考虑引入河道和水井。此外，由于现在气候变化、气温上升过快，所需的干预也更多，不管是在纽约中央公园还是深

图1

圳中央公园，景观的材质以及表现方式，既体现了自然野性，也体现了人工构造。可以有自然水系，也可以有城市水道。

2 健康城市关键问题

还有一项重大的问题是如何进行城市更新。不管是传统的集市还是城市特有的河道水域，这些都可以被加以设计，让人们在夏天有消暑的好去处。此外，在城市景观设计的时候主要存在如下的一些问题。

除了健康，能源、公平和增长方式之外，政策制定者，政府和专家在谈论更广泛的城市生活质量和健康状况时会看什么？

为了满足未来健康城市的需求，政策制定者，商业和文化领袖与市民之间将需要形成什么样的联盟？

决策者应努力实现哪些关键要素，以使公民生活更美好，并促进商业、旅游业和创新产业的发展？

为了维护公民的健康和福祉，政府、企业和组织的职责将如何改变？

3 健康城市案例研究

这里有两个案例，解决了健康城市以及城市更新之间的关系，让设计和景观融入其中。一个是泰国曼谷的百年纪念公园，另一个是泰国国立法政大学的城市屋顶农场。这两个项目都是由曼谷的景观设计团队 Landprocess 在 CEO Kotchakorn Vora-akhom 的带领下完成的。

第一个案例，百年纪念公园是曼谷新绿色基础设施最重要的项目（图 2），这个公园解决了重要的生态问题和气候变化环境问题。曼谷在不断发展，同时面临很多问题，包括水管理、洪水泛滥、干旱、空气质量，以及整个城市的健康状况不佳等问题。

这是一个 12hm^2 的公园，虽然它的面积不大，但它为城市解决了生态问题，包括水管理、降低洪水风险以及降低热岛效应。曼谷是一个热带城市，海平面不断上升，还受到季风影响，城区和商业区面临着雨季洪涝风险。绿色基础设施非常重要的功能就是减缓这些不利的生态影响。

百年纪念公园具有雨水管理与存储的功能。公园的元素延伸到城市中，延续了排水模式，种植能够吸收水分的植物，建立可持续的交通网络，并恢复运河和湄南河周围的一些历史水景空间。雨水处理系统主要包括 5 个部分：绿色屋顶、雨水蓄水池、人工湿地、滞水草坪、储水池。

设计概念非常简单明了，让公园具有坡度，成为一个蓄水池。水可以被收集、分散到不同的水处理系统当中。公园最主要部分是一片滞水草坪，在雨季进行雨水收集。湿地在立面上通过一系列的堰和池塘逐步向下流，水流过堰，瀑布

流过一个种满水生植物的池塘，通过另一个堰，再流过另一个池塘。水每次经过植物时都被净化，直到抵达贮水池。

景观可以让开放空间最大化，增加空间灵活性，百年纪念公园沿两侧有 8 个景观分区，每个分区使用不同的材料，有不同的功能，比如说阅读区、草药园、圆形剧场等。在每一个池塘边，还设有互动设计（图 3），游客可以从站点提取自行车，骑车游览，还可以在水边呼吸新鲜的空气。除了健康和生态效益外，百年纪念公园还旨在通过有关生态、植物和设计的现场课程来启发和教育公众（图 4）。

第二个案例名为"城市农场的绿色屋顶"，位于曼谷的泰国国立法政大学校园内。一个世纪前，曼谷市的边缘遍地都是稻田，被设想为世界上生产力最高的水稻种植地区。然而随着时间发展，现在这块土地很难进行蓄水。为了振兴其所处的土地，泰国国立法政大学将现代景观设计与传统农业创造力相结合来应对气候影响。作为亚洲最大的城市屋顶农场，面积达 22000m^2。通过模仿传统的水稻梯田（图 5），绿色屋顶已成为一种一体化解决方案——作为公共场所、城市有机食品源、水管理系统、能源屋和室外教室——所有这些都可以作为预期气候的适应模型，考虑未来在整个泰国范围内推广。

该设计通过引入这些原始种植景观和现代景观，模拟传统的水稻梯田来实现最高的产能，以及更高效地储存雨水。每一条径流都可以流到土壤的不同层面，这样可以帮助储存 $11356m^3$ 的水进行灌溉，并在未来使用。山形的绿色屋顶利用其广阔的空间作为清洁能源的无限来源，生产有机食物，还有太阳能供社区使用。泰国太阳能资源非常丰富，绿色屋顶可以零成本地充分利用太阳能进行发电、帮助灌溉植物等。而且大学绿色屋顶可以使室内和室外降温，减少室内所排放的二氧化碳，降低能耗，减少使用空调的频率。在极端天气的情况下，之前面临的食物短缺情况会逐步加剧，到2050年80%的人口将生活在城市，所以食品方面的保证是可持续性发展的前提。这是公园要解决的问题。

城市屋顶农场是绿色屋顶最重要的一环，而绿色食堂则完成了其既定目标，即为商业和保护创造真正整体和可持续的模式。有机食品的来源和目的地都建立在相邻位置，该系统能够减少生产、加工、运输和处置过程中从头到尾的排放和浪费。

　　通过利用山地稻农的传统智慧，这座绿色屋顶每年可生产约 13.5 万 t 粮食，为社区提供食物。屋顶种植了多种本土植物品种和一种耐洪涝、干旱的自然培育的水稻品种，从屋顶到餐桌提供新鲜的农产品。剩下的食物会分发到社区，或者堆肥后作为有机肥料送回来。

　　太阳能屋顶或者是其他的新兴技术应用，对于能源、食品，都能够带来一定的影响，并且还会影响农作物以及农业的耕种方式。希望通过这两个案例能鼓励和引导人们对新兴农业以及环境友好型农业的关注。不管是从材料、技术、理念还是其他角度，我们都需要正确的技

能和技术，来实现海绵城市的建设。在中国也多次提及要促进人们的生活健康水平，尤其是要注意水质量和空气质量的管理。

4 结语

　　在美国，设计者积极与政策制定者、企业、文化领袖和市民培养一种紧密的合作伙伴关系，来满足未来健康城市的发展要求。那么何为健康呢？它涉及气温，涉及个人的生活，所有这些都是建设健康城市时必须要考虑的因素。另外一点就是从政策制定者的角度而言，他们的工作方向是什么？目

标是什么？这是需要从国家层面、地区层面，包括全球层面，以不同措施来应对的。

最近由于新冠疫情而逝世的城市规划师 Michael Sorkin 提出，要建造人道主义、平等、可持续和美丽的城市，我们需要建设新城，保护旧城。城市需要更多形态，目前还远远不够。柯克伍德教授在最后提了几个问题，希望能够引发大家的深思，能够对大家未来的工作有一些帮助。

尼尔·柯克伍德
NIALL KIRKWOOD

哈佛大学设计学院学术院长，生态工程技术研究中心主任。

图1 纽约中央公园
图2 泰国曼谷百年公园
图3 互动设计
图4 公园设有不同的功能分区
图5 通过梯田设计进行水管理

关于美好宜居城市的思考
What Makes a Great City

摘要： 本文以美国劳德代尔堡为例，阐释了如何建设绿色城市。"公园、水、人、街景、艺术和公共交通"，每一个关键词都是城市的一面，或许当人们做好每一面时，伟大城市也就不再遥远。

Abstract: In this article we take Fort Lauderdale as an example, which explain how to build a green city. "Park, water, human, street, arts and public transport", each key word represent one aspect of the city, perhaps when we accomplish each target, a great city is not a dream.

关键词： 劳德代尔堡；水利用；开放空间；绿色城市

Keywords: Fort Lauderdale, Water use, Open space, Green City

1 公园建设新定义

在劳德代尔堡城市中心有一个 0.37km² 的公园，是城市中非常重要的绿色空间。公园（图2）始建于 20 世纪 40 年代，如今已有 80 年的历史。公园提供了许多能满足不同年龄段人群的体育活动场所，还设有一个网球设施，这是劳德代尔堡有史以来第一个网球设施。

水上步道（图3）是劳德代尔堡的一个新的绿地场所，长 4km，是一条面向新河的线性公园，也是人们享受户外活动的平台和艺术餐饮场所。

这个 10117m² 的小绿地几乎处于城市中心，实际上，其在安德鲁斯大道和布劳沃德大道上。它的周围有很多区域有待将来开发，有的区域有望成为闹市区，有的区域是新的城市政府综合体。但是，尽管如此，人们仍必须为获得绿色空间而奋斗，绿色空间非常重要，但人们也要牢记它们可能会消失，甚至在发达城市中也很难被创建。

话虽如此，如今公园发展依旧面临着诸多挑战，劳德代尔堡的许多绿色空间都面临着经济压力。

肯塔基州的欧文斯伯勒，邻近密西西比河，该地区每年会有 3m 以上的潮汐变化，因此必须设计一个与城镇相邻的公园作为缓冲带，这样做的效果是能使那里的水位比以往同期低 3m。不仅如此，洪水也是需要考虑的因素，所以该项目面积超过了 0.61km² 。

2 蜿蜒河流下的经济效应

水，人们不能生活其中，但没有它，人们就无法生存。

图1

全球范围内的海平面上升将改变很多事情，但显然水的再利用也极为重要。

在劳德代尔堡，有一条蜿蜒穿过城市中间的河流，被称为"新河"，通过该河流系统，许多人造码头被建造（图4）。水本身就是神奇的，而当它用于娱乐和享受时，甚至在获得经济利益的情况下，它会变得更加神奇。劳德代尔堡致力于发展全球最大的水上游艇表演，该船展每年都会举行，已产生约5亿美元的经济影响（图5），与典型的美式橄榄球超级杯年度总决赛相比，它对经济的推动作用更大。

大理的洱海是中国第七大内陆湖，计划将该项目从5.6km延伸到8km，恢复湿地面积，创造出人们可以享受的同时又不影响环境和水质的空间（图1）。

3 重塑公共交通系统

荷兰阿姆斯特丹是一个城市与公共交通良好配合的缩影，它以某种方式找到了摆脱汽车的方法。美国很难做到这一点，但是美国正在努力学习，甚至佛罗里达州总部州交通局也在改变其风格。

目前，劳德代尔堡重视水路与公园的整体配合，它通过数百万美元的债券创建了一个名为"水出租车"的新行业，水上出租车在河上步道的站点上停靠。现在，它一直延伸到棕榈滩北部和迈阿密南部。在过去一两年中，劳德代尔堡同时尝试的项目有自行车租赁与人力车运营（图6）。

劳德代尔堡在30年间为改善交通征收了180亿美元的附加税，通过了一项MPO，就是将区域内31个城市联合起来，以寻求联邦资金的支持。道格拉斯先生认为就交通而言，越远离汽车越好，否则"总有一天，我们都会被自动驾驶汽车所包围。"

4 更多的开放空间

在20世纪60年代，许多小孩被吸引来到劳德代尔堡，而一些年长的人开始感到不安，因此在90年代初，劳德代尔堡从大学春假目的地转变为更注重家庭的度假胜地。

在劳德代尔堡，关于户外用餐的法律被修改，餐饮激发了空间更多的作用，这项措施鼓励了各个年龄段的人进行户外交流活动。

劳德代尔堡海滩周边有一条蜿蜒曲折的墙，这堵墙有一些有趣的用途（图7）。一方面，人们从两侧坐下来，可以将脚放在沙滩上，也可以将脚放在人行道上。一方面阻止了海龟爬到海滨大道上以保护海龟，并且一旦发生飓风引起的大幅度涨潮，曲墙受压段会在每120cm间隔处断裂，以最大限度减少对整体曲墙的破坏。

景观设计师能做什么？援引我的导师埃德·斯通的一段话来回答，"景观设计师的工作是增强持久印象，并不断寻找方法去改善设计项目中的居民、游客与访客的体验感"。

那么伟大的城市又该如何造就？"公园、水、人、街景、艺术和公共交通"，每一个关键词都是城市的一面，或许当人们做好这每一面时，伟大城市也就不再遥远了。

图1 洱海湿地面积恢复效果图
图2 劳德代尔堡度假公园
图3 水上步道
图4 许多人造码头被建造
图5 国际水上游艇表演
图6 水上出租车运营
图7 海滩边蜿蜒曲折的墙

道格拉斯·库尔曼
DOUGLAS COOLMAN

FASLA美国景观协会理事。DULAND DESIGN主席，前EDSA创始合伙人。

马来西亚建设公园城市的经验

Malaysia's Experience in Developing a Garden Nation

摘要：随着工业化发展，吉隆坡逐渐变为现代化城市，在城市建设中更多地考虑绿色景观设施、可持续发展的建筑以及健康城市的融入。吉隆坡作为实际意义上的海绵城市，尝试了一种城市新常态。在21世纪初，尤其是在一些发展中国家，吉隆坡更加关注生活的质量以及环境的优质程度。

Abstract: With the industrial development, Kuala Lumpur is becoming an industrial modern city. It considers more about green landscape's facility, sustainable development and healthy city development. Kuala Lumpur is, to some extent, is a spongy city, it tries a new city style. In the very beginning of the 21st century, especially for those developing countries, Kuala Lumpur cares more about creating good life quality and good environment.

关键词：景观设计；公园城市；可持续景观发展

Keywords: Landscape design, Park city, Sustainable landscape development

1 景观助力城市经济复兴，提升城市形象

这些年，随着历史的演变，景观的角色、作用也发生了变化，带来了更多的经济效益。景观能够帮助城市经济复兴，提升城市形象，而且也是商业投资的一大助力。之前，大家一直在谈论环境的改善（图1），景观设计能够给我们带来社会、

环境的变化，能够让我们的社会更具包容性，且促进多元社会的发展。

从文化方面来看，文化多元性和自然环境相互交融，不仅体现了社会历史事件，也带来身体和心理上的受益，让大家从生活的重担当中解脱出来，融入环境当中。新冠肺炎疫情期间，设计师打造的花园城市、花园景观，能够帮助人们缓解压力，把人们的注意力从新冠肺炎的影响中转移出来，改善人们的心情（图2）。

每年的3月3日是马来西亚的国家景观日，对马来西亚来说，他们更注重打造绿色宜居的城市以及可持续性发展的

图1

生活方式。他们还对土地利用提出新的举措，找寻自然和社会进步之间的平衡关系。在城市开发之初，景观从业者就把这样的概念引入其中，让自然融入城市的可持续性发展当中。

马来西亚当地倡导可持续性的景观发展，而且提出了相应的日程，即"马来西亚景观建筑日程 2050"。其关注点不止在于景观的发展，而是使城市、国家更美化，同时也关注景观的可持续性发展和倡导健康宜居的生活方式。当地的景观设计专家也都参与到了这次规划中，一起为城市可持续性发展献计献策，包括制定最高目标以及如何利用现有的景观自然资源。通过景观的打造，建立健康宜居的生活环境，改善人们的生活（图 3）。为了能让马来西亚完成公园城市的使命，国家制定了马来西亚国家景观政策，特别是在如何打造有效的绿色基础设施以及打造具有吸引力的环境等方面。

马来西亚生态发展五年规划包括国家城镇化环境政策、国家生物多样性政策以及绿色技术政策和马来西亚国家景观政策。这些更为细节的具体执行规划和方案体现了国际社会、经济以及环境的发展指标和目标（图 4）。从更为宏观的角度给大家呈现了如何打造美丽花园之都的目标，来帮助大家提升生活的质量和增强经济的可持续性发展。确保自然环境和人居环境的平衡是发展的核心，确保国家的景观资源能够得到最优的使用，增强组织管理，加强资源利用。

2 马来西亚出台相关政策，引领宜居城市建设

马来西亚教育体系实际上也是在不断的研究和发展中。国家景观政策能够帮助大家更好地了解景观，能够提供功能性的、架构性的景观。希望一些有能力的组织机构和人员参与到马来西亚景观计划的实施中，能够共同实现国家景观的愿景。

马来西亚当地还开设了可持续景观发展硕士课程，也招收了研究生来学习这门学科，希望借此更好地管理和沉淀园林景观发展。所以，为了实现这些目标，国家也出台了一系列的政策来指引园林式、宜居式城市的建设。国家的相关政策鼓励景观和建筑行业能够在设计的时候考虑到如何建设宜居城市和花园城市。在《景观趋势 2020》这份文件中，展示了马来西亚正在积极践行的可持续景观发展和设计，而所有的这些都旨在让城市的出行、居住变得更加宜人。在这份文件中，能够看到园林景观涉及人们的福祉和健康，以及幸福感。如何走过接下来的 30 年，是景观人值得深思的一个话题。

图2

图4

图1 马来西亚布城景观
图2 马来西亚霹雳州一处景观风光
图3 马来西亚金马伦高地
图4 马来西亚吉隆坡柏达纳植物园

奥斯曼·莫哈末·塔希尔
OSMAN MOHD TAHIR

亚洲园林协会主席，马来西亚博特拉大学建筑学院院长。

公园城市建设
——中国城市绿色发展的新机遇

Park City Infrastructure:
An Opportunity to Accelerate Green
Development in Chinese City

摘要： 新的公园城市应是新的城市发展理念，即从在城市里面建公园的传统逻辑，逐渐发展和演变到在公园里面去建城市的新逻辑，同时公园城市的建设应是包含山、水、林、田、湖、草、生命的整体规划控制。园林城市、生态园林城市建设的目标都已达到，下一步的绿色发展目标应该是"山峦层林尽染，平原蓝绿交融，城乡鸟语花香"。

Abstract: New park city is a new city development idea, that is, an evolution from building a garden inside a city to build a city within a garden. A park city should include the whole planning of mountain, water, forest, field, lake, grass and lives. Our next object is to create a harmonious environment with green mountain, flowing water and singing birds.

关键词：公园城市；生态体系；绿色发展

Keywords: Park city, Ecosystem, Green development

1 中国城市绿化发展现状

李雄团队对此进行了一项专题研究，即对中国 7 大地区，289 个地级市以上的城市，进行城市绿色（图 1）调研。结果发现，绿地率低于 31% 的城市占 14.6%，绿地率处在 31%~35% 的城市占 19%，绿地率大于 35% 的区域，主要集中在经济比较发达的山东、浙江和广东区域。

从绿地率分布水平来讲，7 大区域绿化水平的差别不是很大。相对而言，西北地区的绿地率稍微低一点，绿地率为

30%，而华北、东北、华东、华中和华南，绿地率相对比较高，其中，华东地区绿地率最高，达到 38%。

从公园绿地率来看，低于 9m² 的城市占 4.8%，没有超过 12m² 的大概在 24%，超过 12m² 的区域也主要集中在经济发达的省份。从人均公园绿地面积横向比较来看，比例范围为 13%~18%。

研究发现，人均 GDP 对于绿地率的影响是最大的，而且 GDP 高低产生的影响非常显著，城市化率、经济率和人

口密布因素叠加起来可以看出城市绿地的空间情况。

2 中国城市绿色发展类型

大体来讲，目前中国城市绿色发展有很多种类型，跟行业密切相关的有园林城市、森林城市和公园城市。园林城市、森林城市和生态园林城市是目前国家城市绿色发展的 3 种主要目标，经过多年发展，呈现出很多特点（图 2）。

园林城市从 1992 年开始发展，截至 2019 年，中国共有园林城市 228 个，城市占比达到 62.1%，园林区和县占比达到 22%。从近年发展的情况来看，园林城市明显向园林城镇、区、县层级发展。

2004 年，最早从欧美引入城市林业这个概念，并传递到国家林业行业，逐渐发展成城市林业和森林城市这样的绿色城市发展目标，从 2004 年到 2019 年，森林城市总共涉及 23 省和 168 个城市，总体来讲发展速度非常快。

目前邯郸也在申报森林城市，达到城市绿色发展的目标。目前全国超过 1/4 的市、县以上的城市是森林城市，和园林城市比，还有很大的上升空间。另外在珠三角、长三角区域开始出现森林城市群建设的概念，也就是说从单一城市的，以市域为单元建设的方式，转化为区域协同发展模式，国家林业和草原局对于森林城市群的建设，呈现高度关注态势。

生态园林城市的发展，历史过程非常坎坷，从 2016 年正式命名到 2019 年，全国一共有 19 个地级市和县获得"生态园林城市"称号。生态园林城市启动和评定的过程缓慢，评定标准高，目前不足 1/10 的城市评定。

3 中国城市绿色发展新机遇

中国的城市绿色发展遇到了新的机遇，2018 年习近平总书记在成都视察天府新区的时候（图 3）说，天府新区一定要规划建设好，特别是要突出公园城市的特点。同年在北京植树时，习近平总书记再次强调了公园城市的概念，并提出，这是一个新的城市绿色发展的目标，公园城市是新的城市发展理念，简单来讲，就是从在城市里面建公园的传统逻辑，逐渐发展和演变到在公园里面去建城市的逻辑，这是最简单、最直白的理解。

4 公园城市建设的内涵

公园城市的公，指的是公共空间，全民共享。这是以人民为核心，满足人民日益增长的对于美好生活的需求，同样是园林人最重要的职责，要强调的是公平、公正、以人民为核心，公共的属性非常重要。园，即以园林为载体，多元共生。公园城市的构建，绿色性、观赏性、景观性同样非常重要，园林艺术指导下的绿色林建是主要载体，但功能是不同的。城是城乡并举，协调发展。市是市业联动，绿色引擎。

公园城市建设的内涵非常复杂，用公园来解决城市问题，是人类自发且自觉的追求。1847年，世界第一个城市公园——英国利物浦的伯肯·海德公园（图4～图6），包括人工湖、岛屿、散步小径、缓坡、林地木屋等空间，成了市民锻炼、娱乐和交流的场所，也为后来的城市开发建设提供了新的模式。在这以后，世界各地开始建设单个超大公园来解决城市的问题，发展到后期，改为在城市中构建公园体系，由此产生了系统的思想，即在城市环境改造背景下进行公园系统规划和当下可持续发展指引下开始公园系统的构建。

那么城市公园到底该怎么建？是不是在城市里面建无数个公园，公园数量越多就等于公园城市（图7）？有些新城市做"公园+"的模式，有些城市具体规定了公园城市的建设标准，然而简单的公园数量的增加并不是公园城市建设的目标。

5 公园城市试点——成都

成都是第一个公园城市建设的试点城市，其公园城市构建体现出市域、边界和中心城区3个不同的层级考虑（图8）。要构建的是全绿的公园体系，这是对整个体系的研究。在成都的研究课题里面，李雄团队负责研究公园城市背景下森林体系的构建，在不同的圈层研究基础，研究其网络体系和城市结合的可能性。

在森林体系的构建过程当中，一要体现出林业共融，在市域统筹发展绿色和产业升级。二要体现林城共建，以景城一体化构建城乡共建结构。三要林人共生，以人为本，打造新城和邻里森林概念。

6 结语

公园不能解决城市所有的问题，如何打造公园城市的

中国城市绿色发展类型的时间轴

图2

图4

图5

新城"公园+"建设模式	老城"+公园"建设模式	标准化建设模式
● 把城市公园作为规划的核心要件，优先定点规划建设，再在周边布局建设公共服务设施、市民生活区、商业区等。 ● 城市公园体系由市级公园、区级公园、社区公园、"口袋"公园构成，大、中、小合理搭配。	● 在古城区和老城区，因地制宜，按照"+公园"理念，添加社区公园、口袋公园。 ● 在农村集中居住区域建设"五个一"健身广场，即一片300平方米的水泥或橡胶平地、一个四向篮球架、一盏太阳能灯、10米长椅或长凳和至少10棵大树的配套绿化。	● 按照"生态、运动、休闲、旅游、科普等功能叠加"的总体定位 ● "十个有"的建设标准：包括树木、步道、儿童游乐设施、体育场地、健身器材、灯和凳、雕塑等文化设施、厕所和小卖部、避雨回廊

公园城市=在城市内标准化、高强度、大规模建设公园？

图7

图8

生态体系在市域结构的基础上还不完善，不论是城市范围内的绿地建设还是放大到市域，核心点都是城市绿地或者城市绿地延伸，但在一个区域里面，绿地、农田、山林都是符合生态体系的。所以研究的城市绿地不应该是单一的，而是整体的生态体系，公园城市的建设应是山、水、林、田、湖、草、生命的共同体的整体规划控制。

李雄

LI XIONG

北京林业大学副校长、中国风景园林学会副理事长。

图1 绿色城市示例
图2 中国城市绿色发展类型的时间轴
图3 成都天府新区兴隆湖
图4～图6 英国利物浦的伯肯·海德公园
图7 公园城市建设
图8 公园城市空间层次

提升城市韧性的典型案例
——赣州老城福寿沟系统

Ganzhou Old City Fushougou System:
A Good Example of Promoting
A Resilient City

摘要： 宋朝的福寿沟系统，是为解决城市防洪、排涝、排水的问题而建设，也是我国最早的韧性城市建设手段。在做赣州城市规划的过程中，团队做了很多相关的调查研究，过去对福寿沟功能的理解比较单一，在这次调研中总结发现它有很多功能，并在韧性城市当中发挥了重要作用。在对福寿沟的调研和理解基础上，总结出在做城市规划时，要基于城市原有情况和自然解决方案来规划建设新的韧性城市。

Abstract: In Song dynasty, Fushougou was used to protect the city from flood. It was also used as flood drainage and water drainage. It was one of the earliest examples of resilient city in China. When doing city plan, the professional team did a lot of surveys. In the past, people had limited idea about its function. This time, the team discovers more and the conclusion plays an important role in the development. Based on survey and understanding, we conclude that before designing city plan, designer needs to build resilient city according to its original situation and its nature.

关键词： 韧性城市；城市规划；福寿沟

Keywords: Resilient city, City plan, Fushougou

1 赣州老城的福寿沟

赣州老城位于两个江交汇的区域，东边是贡江，西边是湛江，在城市北面汇合成为赣江（图1、图2）。城市经常受到洪水的威胁，宋朝时，开始修建城墙，城墙有两个功能，一是防御功能，二是防洪功能，所以老城区的东、西和南面同步修建护城河。在修建城墙的基础上，根据赣州地形地貌的特点修建赣州宋城区的街道，再根据街道与自然环境，修建了福寿沟系统（图3）。

气候是福寿沟建设的重要影响因子，由于赣州经常受到洪水的威胁，降雨量也比较多，汛期时，城内的水无法排出，城外又有洪水威胁。为解决相关问题，宋朝修建了福寿沟系统。

图4

最早发展起来的赣州老城（图4）面积只有3km²。福寿沟系统是利用城市的水塘，与人工修建的沟渠结合而修建的排水系统。从平面上来看，形成两个篆书，一个是"福"字，一个是"寿"字，所以叫福寿沟系统。福寿沟系统的规划和建设非常科学，根据地形把城区划分为两个区域，一个是福字区域，一个是寿字区域。将城市东南面的水通过"福沟"排到贡江，西北面的水通过"寿沟"排到章江，整个系统近13km长（图5、图6）。

福寿沟系统的建设很科学，由池塘、护城河、暗沟、明渠、闸门组成，根据入口、建筑分布密度以及不同地段功能，布置沟渠。一般在繁华地段、人口活动频率高的区域设置暗沟，在边缘区采用明渠排水，至今仍在使用。排水口的设计也很科学，福寿沟系统与城墙上的排水口相结合，在城墙上设计了12座自动水帘闸门。当江水高于福寿沟的水位时，江水就会关闭闸门，防止江水倒灌进城内，城里雨

水储存在水塘；随着洪水结束，江水低于福寿沟的水位，沟渠中的水力就会自动冲开闸门，泻入江中，这就很好地解决了城外的防涝防洪和城内的排水问题。

2 福寿沟的五大功能

第一，担负着城市防洪、防涝、排水功能。也就是城市韧性，起到防灾减灾，保证城市安全等功能。城市里的雨水排不出去，就集中到池塘里，保护城市不会受淹，池塘类似于小水库，池塘的水可以进行综合利用。随着城市的建设，有一些福寿沟系统的坑塘被盖了房子，但下雨时坑塘周围的区域很容易被淹，水深最高可达到1.2~1.3m。

第二，调节和改善城市小气候环境。由于水面和陆地有不同的下垫面，白天太阳照射的时候散热慢，夏季的时候湖面和周围陆地的温度要比其他地方低，给人以清凉的感受，湖面周围2km范围之内，温度要比其他地方低2~3℃，

包括北京天安门广场的一些小绿化，温差也有 1～2℃。曾经有一个方案，把天安门广场种上草来调节气候，但是因为人太多，不现实，后来把周围能绿化的都绿化上，摆上一些花，也达到了气候调控的作用。在赣州老城区池塘周围加上绿化，温度会比其他的地方低 1～2℃，给人的舒适度是不一样的。

邯郸的植被绿化方面都非常好，现在是大数据时代，通过监测温度、湿度、负氧离子等，可以显示区域的负氧离子、温度。这样确实可以吸引城里的人群，尤其是夏季的时候。我们也做过相关试验，在做城市规划的时候，水库离城区有22km 的距离，水库附近的负氧离子的含量相较城区高了好几倍，周末有很多城区的人到水库游玩，带动了区域经济发展，包括旅游、休闲的发展。邯郸园博会区域有着得天独厚的条件，也有较好的水系可以做文章，同时离城区也有一定距离，通过创造营建宜居的生活方式来吸引人们，特别是在园博会后，可继续吸引人们前往。

第三，美化城市景观风貌，创造宜居环境。利用湖面、水面，建立城市公园分布，加上绿化，建设赣州公园，改变城市的景观面貌，起到改善城市环境的作用。

对于怎样充分利用赣州水塘改善城市环境，在做完规划后，也写了相关建议给政府，现在政府对水塘的功能逐渐重视起来。

第四，维护当地生物的多样性和生态系统。由于水塘周边的植被比较丰富，这里已经成为鸟类栖息地。

第五，创造经济效益。当地的水系统可以进行养殖、花草种植，为城市创造收入，形成经济效益的良性循环。仅 0.087km² 的池塘，10 多年前产鱼量就高达 9 万 t。

3 自然解决方案建立韧性城市

基于福寿沟系统，考虑当下的环境，要通过"自然解决方案"建立韧性城市。自然解决方案是指通过增加生态绿化、增强生物多样性、完善公共服务、建设低碳健康社区，有效利用适应性手段应对社会挑战，提高城市和社会的韧性，增强社会凝聚力，使更新后的城市经济、社会和生态环境协同发展。

"自然解决方案"在城市建设中可以在环境约束下统筹社会、经济和生态的平衡，并通过具体治理措施来实现三者平衡；可以实现土地的集约节约利用，以提高城市的承载力和效率；可以完成社会价值再分配的公共政策，社会价值需在各参与主体间公平公正地配置。

基于"自然解决方案"的韧性城市可以应对气候变化，控制温室气体；为城市提供更多优质生态产品，构建生态廊道和生物多样性保护网络，建立自然保护地体系，保障社区安全健康；城市的空间结构优化，构建多类型、多层次、多功能、成网络的高质量绿色空间体系，构建"屏、环、河、楔"的城市绿色空间结构。同时要考虑到城市的包容性，可持续性以及居民共享参与等方面，也要思考城市生物的多样性，

图2

图3

图4

图5

图6

图7

增加城市的健康和养老等需求，从多方面考虑达到共同服务城市的目的。

建立韧性城市需要综合考虑，首先就要对生态环境进行评价，以山东潍坊生态经济区韧性城市建设规划为例，把生态环境作为优先考虑（图7），进行评价后，将区域划分为生态敏感区、不敏感区，按照区域分出需要保护的区域与可以开发建设的区域。

通过区分生态保护与开发，提出"一环、两心、四区、三模式"保护和发展的理念。"一环"，即围绕湖面设置保护区，有专人进行管理与保护；"两心"是围绕上游地区建设湿地系统，净化关系；"四区"既有保护区，也有发展区；"三模式"指的是生态的、绿色的产业、经济和旅游、休闲、度假。理念确定后，就可以以此确定怎样保护、开发城市，再根据生态环境、人文特色和城市经济，提出城市的功能定位与空间格局。

4 结语

城市的发展是以人为核心的，围绕人建立社会包容性，以水为源保障生命线，以绿为基保障生态安全，以产为力来发展经济、有机农业、乡野旅游、文化教育、产业健康、绿色食品。最后将人口集中起来，形成有序的城市组织，即城市集中发展，并形成一个协调的可持续发展的循环。

图1 赣州城市建设
图2 赣州风光
图3 福寿沟模型
图4 赣州老城
图5、图6 福寿沟
图7 韧性城市建设规划时要优先考虑生态环境

冯长春
FENG CHANGCHUN

北京大学环境学院城市与区域规划系教授，北京大学未来城市实验室主任。

基于中华语境"建筑—人—环境"融贯机制的当代营建体系重构

Based on Chinese Environment "Architecture–Human–Environment", the Combination of Contemporary Construction System and Reinterpretation

摘要： 当下中国的建筑设计或风景园林规划都是基于国外的建筑教育模型来传播应用，究其原因，一是中国传统基因的缺失所导致的建筑文化断裂；二是学科过度分化所造成的人居环境失序；三是设计与建造脱节所形成的传统语言的片段化与工具化的使用。而要改变现状，则要真正思考中国古代建筑、人、环境之间的关系，从而达成有机融贯，以当代的视角寻求植根于传统营建智慧中的内在生成机制，并进行转译和重构。

Abstract: Nowadays, Chinese education on architectural design or landscape planning is based on Western educational model. There are three reasons behind. First, lack of traditional Chinese "gene" leads to the breakdown of architectural culture. Second, over differentiation of subjects makes the living environment in disorder. Third, the unhook of design and construction ends up with the fragment of language, the language becomes a tool. To change the situation, one needs to take a serious consideration of the relationship among architecture, human and environment so that all these can be combined together. From today's view, one should first put himself in a traditional thinking environment, understand its wisdom and reinterpret it.

关键词： 融贯；建筑语言；传统建筑转译

Keywords: Combination, Architectural language, Traditional architectural interpretation

1 中华语境下"建筑—人—环境"融贯机制研究

中国目前的状态不管是园林、规划或建筑，应用的模型基本上是国外的系统，就是通过国外的建筑教育模型来传播应用。

1.1 "建筑—人—环境"融贯机制解读

天津大学有一个非常强大的历史研究所，一直在研究中国传统建筑文化。建筑设计或者风景园林规划在历史的研究方面，全国都处于平行状态，该历史研究所最近一年试图跟天津大学建筑学院王清恒老师进行合作，希望在历史研究和设计方面能形成一个交叉的状态——使中国的传统文化建造进行当代的重构，使中国传统文化在当代体系里面能够产生作用。所以就产生一个关键点"中国在传统农耕文明时期建筑、人、环境是一体的"（图2）。近现代社会以来，随着风景园林、规划或者建筑等一系列学科的分化，未来的发展

又会走向一个新的融合。

大学应该在思考和研究上起到引领的作用，需要考虑建筑的未来走向，除了跟当代的技术进行高度融合外，还要研究传统文化里最核心的内容。

无论是中国的宫殿、寺庙还是传统居住建筑，实际上蕴含着很多设计理念和智慧。比如北京的四合院还有丽江古城，当经常行走在都市中的人们来到这样的地方，就会感受到中国古典文化和传统文化融合形成的一种非常宁静的氛围，这种氛围是现代建筑所不具备的。

这项研究是天津大学跟东南大学一起合作的，天津大学主要从事设计研究和历史研究，东南大学则邀请了在理念上很有作为的李华教授参与研究。天津大学历史研究所对中国古代各个朝代的建筑、风景园林，包括各类型都有很深的探讨，也有很多学术成果。该设计研究团队近20年一直从事各种和设计本体相关的形式和空间的研究，这种研究处于一个平行状态，现在需要研究的是如何交叉进行。

中国面临的现状是，很多学者和同仁认为中国会有千城一面或者一城千面的现象。实际上可以归纳为3个问题，第一个是中国传统基因的缺失所导致的建筑文化断裂；第二个是学科过度分化所造成的人居环境失序；第三个是设计与建造脱节所形成的传统语言的片段化与工具化的使用。

1.2 现状比较

针对这3个问题，在探讨之前可以先和国外对比，比如中国跟欧洲或日本，在整个城市建设或者建筑发展的历史上，都有哪些差异？欧美尽管有现代主义运动，但建筑的研究或传承一直没有断，不管是古罗马时期的万神庙或文艺复兴，再到19—20世纪现代建筑理念的一脉相承，从历史线上看好像是断的，实际上所有的建筑对历史的文化研究都非常深。如著名建筑师勒·柯布西耶，他对历史的研究甚至比建筑历史研究学者还更有感悟。日本也是一样，日本吸收西方现代建筑文化的同时，也在尝试继承其传统文化（图3）。

1.3 现状分析

中国出现的一些问题，比如说20世纪初对中国文化的批判，还有战争及20世纪50年代一系列的运动，都试图跟传统文化进行某种断裂。实际上这对建筑界的影响也很大，而做研究是要持续不断地去进行。

即使这样，中国在 20 世纪 20 年代设立建筑学，像梁思成一样的建筑学家，引进西方的建筑学科，之后的 50 年代、80 年代、90 年代都在进行相关研究，但这样的研究相对处于一个比较碎片化的状态。实际上这期间也有一系列的作品呈现，如图 4 展示的 5 个作品，是中国建筑史试图尝试中西结合所进行的一系列的设计研究和未来方向引领，但是终究未能形成很大影响力。

实际上文化自信不是一个口号，在宏观层面上是文化传承或是人居环境质量的整体提升。住得再舒适，没有"根"是不行的。我们寻"根"的时候，这个"根"到西方去了，就成了问题。

从学科上来讲，要不断进行范式的转变，这不是要引进西方的范式，而是要有中国自己的建筑范式。由于理论的缺失，导致一系列的行为或是设计活动缺少非常基本的认知，也就是中国的原发性在现代建筑里面的缺失。本土实践就是要有自己原发性的、自己设计的模型，能够指导中国未来的建筑实践。

中国古代建筑、人、环境的关系是有机融贯的，这种影响至今还在，只是需要进行大量的挖掘（图 5）。尤其在西方建筑学的影响下，建筑的抽象性和人的体验，或者说环境和建筑、人之间的关系相对处于分离的状态，但在传统上不是。中国传统营造或是西方像赖特一样的建筑师，就打通了人和自然的联系。现在各个城市的建筑都在标榜建筑的高度或者城市的密度，其实这和自然处于一种相对比较疏离的状态。

我们希望回归到中国传统智慧文化里的高度。中国的古典建筑遗存下来的，无论从建造还是氛围的营造，甚至是从风水上都非常高度统一，而且人生活在其中，跟自然是相融的状态。现在的城市则恰恰相反，人跟自然的关系产生了问题。

中国传统文化智慧的传承就涉及语言的问题。实际上我们的文字系统、语言系统一直没有断，几千年的文字是一直传承下来的，但建筑没有。建筑语汇运用的是西方的，而且在 20 世纪初，混凝土材料的发明使之得

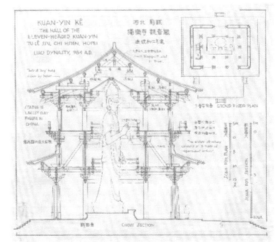

单体　　　　　组群

欧美建筑发展脉络｜延续　　古典原型　　　　　　现代理论与方法

万神殿（2世纪）　圆厅别墅（16世纪）　　19世纪形式分析　　20世纪现代建筑理论

传统建筑　　　西方思潮引入　　　当代重构

  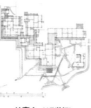 

日本建筑发展脉络｜嫁接

前川国男 国际文化会馆　丹下健三 代代木体育馆　隈研吾 梼原木桥博物馆

京都（8世纪）　桂离宫（17世纪）　　筱原一男 谷川之家　　　　SANAA 金泽21世纪美术馆

1920年代	1950年代	1980年代	1990年代	2010年代
学科建立	理论起始	理论热潮	理论多元	本体意识
	形式与内容 建筑可译论	环境观 后现代主义 解构主义 批判的地域主义	建筑类型学 建构理论 建筑现象学	中国城市解读 形式与政治

引进与移植	引介与重新阐释

中山陵（1929）　中国美术馆（1958）　何陋轩（1986）　山语间别墅（1998）　水岸山居（2014）

城市

图2

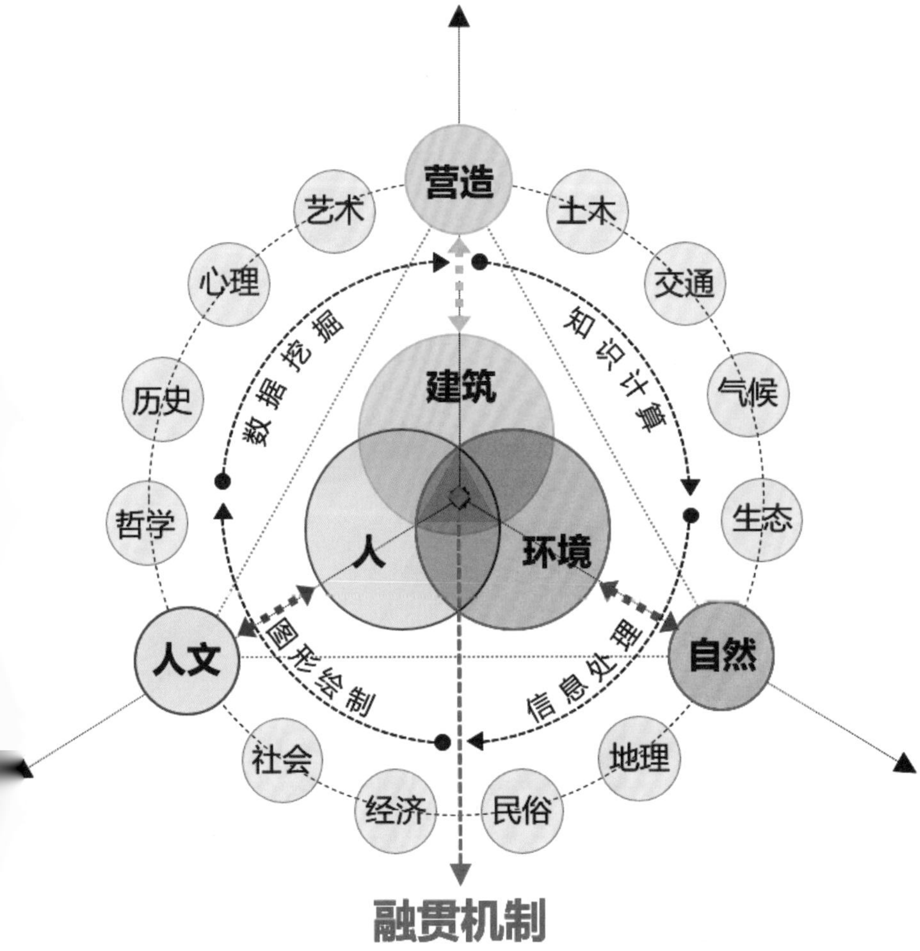

到广泛传播。为什么人类的语言能够深度传承，而建筑的语言却产生了非常大的断裂系统，这是值得深思的。

未来的中国建筑学，词汇、句法、语境的类比关系是非常重要的思考点，或者是某种分析对比的一种方法。而如何突破建筑语言转移瓶颈，正是需要研究解决的。

建筑语言的传承就像语言结构一样，应该从内在的关系、内在的形式结构或者人类行为的认知方式及全体的空间环境中进行传承。这样才能真正地使传统的建筑语言突破瓶颈，并指导未来的实践。

2 传统建筑转译与重构
2.1 形式生成的意向与转译

如何让传统的形式能够通过一系列的路径，影响到当代的建筑师，不仅需要建筑师对传统研究有很深入的探讨，而且还要对当代的、具有普遍规律的、在国际上通用的建筑形式也有所了解，这样才能使研究具有一种普遍意义。比如贝聿铭在设计法国卢浮宫扩建项目时采用金字塔的意象（图6），并进行虚实反转与尺度缩放使其有机地融入场所之中。这种转译比较巧妙，这种意向的重构是非常成功的案例。再比如同济大学冯纪忠先生做的何陋轩（图7），他从维也纳留学归来，知道现代建筑的设计方法和理论，但他更关注中国本土的民居，所以20世纪80年代他在上海建造的这样一个建筑是一个经典案例，把传统和现代设计方法进行了有效的化学反应，从而产生一个新的作品，并能够引导未来社会的走向。

美国著名的理论家建筑师彼得·埃森曼在做维克斯纳视觉艺术中心设计的时候，提取了城市与校园在历史演变过程中形成的两种方格网（偏差12.25°）作为图解生成原型，同时运用基地考古学方法发现曾经存在于基地中于1950年代被炸毁的军火器械库，通过解构、移位、再现等一系列操作方法实现了建筑在城市与校园不同尺度以及纵向性历史维度的多重解读。这也是比较经典的当代转译案例。我们希望将来能够看到更多的植根于中国传统文化或者是对中国现代性建

营造
艺术　土木
心理　　交通
数据挖掘　知识计算
历史　建筑　气候
哲学　人　环境　生态
图形绘制　　信息处理
人文　　　　　自然
社会　　　地理
经济　民俗

融贯机制

图5

筑的重构，而不是去复制西方的建筑作品。

2.2 建造逻辑的承继与推演

仅仅谈概念或谈意向还不够，要对建造进行关注，中国传统的建筑是暗含建造逻辑的，有非常强大的工匠精神，这些在如今看也已失传。有些是非物质文化遗产抢救，比如很多古建筑的重建，但是很难找到优秀的工匠，精湛的技艺也就失传了，很多中国的传统技艺因为没有连续性，就导致了断层。

比较有趣的是，我们上大学的时候渲染西方的住室，西方住室作为一个物件还是挺美的。但是再看中国的斗拱，它既能作为一件艺术品进行解读，又可以从其微观的构件组织中领悟其设计内涵；它具有严谨的几何规则、巧妙的构架与理性的形式，如果将斗拱各构件尺度进行放大以至于人可以在其中穿梭，则为当代意义上的空间操作带来很多启发。无论从结构体系还是从空间组织上进行考量，斗拱均具有向当代设计转译的潜能。

日本有一位叫高松伸的建筑师，他对斗拱进行了大量理论研究，在做大莲宫时（图9、图10），主体结构由木质杆件要素层叠而成，在结构体系中，长梁依照斗拱建构逻辑层叠正交向上，杆件结构逐层外挑，通过彼此搭接呈伞状形式，最终内部形成具有向心性的"倒锥形"空间。整体形态轻盈通透。在该体系中，杆件要素既承担着结构作用，亦作为空间界面限定要素。

清华大学的李晓东老师，在丽江建造小学时，没有引用其他国家的建筑特色，而是首先研究丽江的民居，用当地的材料和工匠来进行建造，用现代的空间设计方法进行重构。

中国园林也是如此，比如对苏州留园的解读，实际上中国古代文人建筑师有空间的意向概念，甚至超越现在很多知名建筑师的空间感觉，但却没有得到很有效的传承，这点很可惜。通过让学生分析揖峰轩平面图（图8），希望能从中吸取空间设计理念应用于当代教学或建筑设计中，而不是仅仅吸取一个意向或者形象。

丽江古城的城市空间营建体现了传统的"天人合一"的思想，远眺玉龙雪山选址朝向，环山抱水的空间格局蕴含着深刻的生态智慧。依据古城地势和水系的特点，古城的建筑、街巷与水系密切结合，形成了变化丰富的临水模式，并保存延续至今的洗街文化、桥市文化和用水、护水民俗。丽江古城是东巴文化浸润的产物和载体，东巴文化是传承了1000多年的纳西族古文化，其文字、经、绘画、音乐、舞蹈、法器和各种祭祀仪式等与城市空间依存（图1）。

3 结语

当将视角重新聚焦传统时，并不意味着毫无选择地复制传统，或仅以某种表象的方式呈现传统，而是以当代的视角寻求根植于传统营建智慧中的内在生成机制，并进行转译与重构。讨论的前提则是基于对传统与现代两种形式语言的深度把控。关于形式生成与建造逻辑的解读与转译既是一种尝试性操作，亦是深度的探讨与研究，其目的是将传统与当代进行某种叠合，选取合理内核，从而促进当代中国建筑设计向更高层次递进。

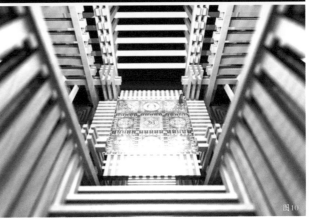

图1 丽江古城
图2 "建筑-人-环境"融贯机制解读
图3 现状比较
图4 中国建筑知识体系和理论的脱节与断裂
图5 建筑、人与环境关系探讨
图6 法国卢浮宫扩建项目
图7 何陋轩
图8 揖峰轩
图9、图10 大莲宫

孔宇航
KONG YUHANG

天津大学建筑学院院长。

韧性·健康·绿色城市
Resilience · Health · Green City

摘要： 当下，城市健康、绿色发展的重要性不言而喻，关于如何打造韧性城市并促进其健康发展，本文通过一系列详细案例研究，给出如下三点建议：一是利用智能科技改善城市交通问题；二是建立循环的生态系统；三是人与自然和谐共处，从而实现宜居的城市生活理念。

Abstract: At present, the importance of urban health and green development is self-evident. On how to create a resilient city and promote its healthy development, this paper gives the following three suggestions through a series of detailed case studies: first, using intelligent technology to improve urban traffic problems; second, establishing a circular ecosystem; third, harmonious coexistence of human and nature, so as to achieve a livable city Life philosophy.

关键词： 绿色城市；交通改善；循环生态系统

Keywords: Green city, Traffic improvement, Circular ecosystem

　　"健康城市"所涉及的不仅仅是防御洪涝，同时也是生产健康的食物，倡导人们绿色通行，让社会全年龄段和谐共处等方方面面。比如城市交通问题，该如何提高城市的流动性是目前急需解决的问题。交通造成了大约 30% 的二氧化碳排放量，交通拥堵和停车给人们的出行造成了很大的困扰，因此，需要思考去用另一种方式安排城市交通。首先思考步行和骑行在城市交通中能够起到的作用，

然后将它们与公共交通相连接。同时，智能科技可以运用于发展物流技术，这是促进城市发展的一种方式，有助于实现经济发展以及推动良好的自然环境的构建和社会交往活力。

然而，社会对于健康城市的研究并不侧重于智能技术，而是用团队的方式在健康城市方面进行实践。如图2所示，

这是早期在阿姆斯特丹的建筑项目，于2006年完成。这是一个完全被绿化覆盖的游泳馆，包括建筑的立面和屋顶，这里有大量的植被、昆虫和鸟类，现在看来这依然是个非常迷人的项目。通过这个项目能清楚地了解"城市中人们热爱什么、渴求什么"。

图1

如图3所示，这是2004年韩国新城完成的规划项目，位置在忠清南道地区，规划时这个项目中有大量的可建设用地，但我们只设计建设了极少量土地，目的是围绕公共交通节点发展紧凑型城市。通过这样的设计方式，人们可以在大区域内感受两种环境特征，也就是说，如果在午饭时或晚饭前散个步，可以在10~15min的时间内走出城市空间，俯瞰居住的地方。在创造这样的城市时，基础设施是必不可少的要素，基础的设计具有很强的网络结构，包括火车、公共交通、地铁的复合型交通网络，同样也覆盖了步行和骑行网络，通过创造这样的网络，我们可以在此类城市内部创造"村庄"，我们管它叫"城市之城"。城市中的"村庄"是无车的微型城市环境，而在"城市之城"的尺度内，我们能满足日常所需，比如工作、社交场所、自然体验等。

还有一个在比斯博斯地区的规划项目，位于荷兰朗斯塔德地区的郊区地带，它与大型的自然保护区相连，导致这里的洪水几乎要淹没城市了。朗斯塔德地区有1000万人居住，如果我们能够用公共交通提高这片区域的可达性，这片地区就可以大量减少机动车辆。

如果你了解荷兰的朗斯塔德地区，就会知道这是为莱顿生物科技园所做的社区尺度规划。我们在这里进行了无车街区、无车城中之村的试验，这是学生、专家、教师和研究员居住的地方，同时也有莱顿的普通居民在这里安居，这个多元社区能够开展丰富的社交活动，因为这个社区中无车辆通行，所以当你站在公寓的阳台上，可以看到社区正在举行的派对，或是路面上正在进行的篮球赛。这是一个无车的区域，人们共享公共的空间，发展他们的家园。

在北京，我们为地铁东风站研究设计了总体规划方案。这个规划旨在提高从地铁站到城市的可达性，人们可以因此不再依靠私家车通勤，他们可以乘坐地铁去到城市其他地方。当他们回来的时候，这个区域的中心地带就在地铁站旁边，人们可以从这里步行回家，也可以在这里进行各种各样的活动。人们在这里安居乐业，这里有大量的生活设施，是一个功能高度融合的区域，是社区的活力中心。同时人们可以从地铁站抵达摩天大楼周边区域，也能够去往地铁站和停车场。通过这个步道可以穿过街道而不受到车辆的干扰。下沉广场与地铁站相连，作为一个夜间娱乐活动的空间、社会交往的场所。如图4，是该区域的外观，娱乐空间直接与社区中心相连接，所有的活动场所都在步行可达范围内。这个项目周边有大量的水体保留空间，因此这也是一个海绵城市的范例（图4）。

此外，我们还做过一个关于2070年未来城市的研究，我认为在这个阶段去思考未来城市的模式是非常重要的，我们管它叫"呼吸城市"。因为我们认为未来城市应该是高度

自然化的城市，在那里我们与自然和谐共处，我们同其他几个公司一起合作，和几个市政部门、TUDelft阿姆斯丹研究所、PBL、荷兰的环境评估机构，以及三角洲大都市公司一起进行这项研究。

我们在2070年将面临的挑战涉及化肥使用、淡水资源

使用、碳排放、生物多样性、海平面高度和气温等，我并不想通过展示这些每况愈下的事物而引起人们恐慌。然而，如果我们思考未来的城市，就有必要做好应对这些问题的准备。我们存在严重的生物多样性流失问题、气候变化问题、自然资源的过度消耗以及环境污染问题（图5）。那么我们如何转变这些问题，继而去创造一个可持续城市环境？在欧洲，农业是造成生物多样性流失的重要原因，城市扩张也是原因之一，城市的预留空间对自然环境造成了干扰，预留空间规划的合理性也对城市未来发展起着决定性作用。同样地，我们需要解决海平面上升的问题。在沉降地图上，深棕色的区域是低于海平面之下5m的区域，这些地区非常低，从海里带来的盐分侵扰着土壤，已经给我们的土地带来了大量问题。

在思考未来城市的时候，我们必然需要考虑如何将这些系统建设得更加可持续。目前，我们正在应对海平面上升1~2m的挑战，土壤沉降是20世纪就存在的问题。二战期间的地堡已经低于现在地面1.5m，如果土地持续下沉，而同时海平面在持续上升，我们将面临严峻的挑战。

我们重点研发的区域是围绕火车站站点的1km²地区，同时我们也关注了更大的区域——鹿特丹的亚历山大区。这里养殖业发达（图6），但海拔非常低，我曾与许多科学家进行过交流，得出这样一个结论：需要提高水位线。目前，我们正在将水从土地中抽取出来，所抽取的水量已经超过了我们的需求，但很显然，这不是长久之计。

我们需要建立一个循环的生态系统，系统中不同的动植物能够平衡生长，城市本身需要成为生态系统的一部分。鹿特丹区域和海牙区域大约有500万人居住，目前要考虑的是如何去生产食物，因为人们已经拥有在城市中发展农业的技术。

此外，我们还需要关注植树造林、泥炭地的再生、绿化和生态多样性等问题。伴随着植树造林、再生泥炭和绿化的措施，我们可以净化空气中大量的二氧化碳，创造更健康的生活环境。

关于解决水问题和绿化问题的方法，我们做了大量的计算，最后得出以下方案：可以在城市创造3个层次的绿化，一个在普通的地面层，其次建立第二层的屋顶，最后是高层的屋顶，它们全部被绿化覆盖。由此城市能够提高生态多样性、接受雨水，以上是水管理策略、生态多样性策略中非常重要的一部分。

高空领域是鹰和游隼的活动场所，中空是蝙蝠、麻雀、乌鸦和蜜蜂的活动场所，湿地和地面上是青口、梭子鱼、刺猬和蝴蝶的活动场所，它们有助于创造健康、可持续的生态系统。

图7是中心车站附近，可以看到火车，但同时这里也是人们居住、工作、会面、体验生活、娱乐的地方，这里不再供汽车通行，而是转化为湿地，这将对水管理和生态多样性更为有益，湿地就在车站的旁边。火车、高速路及交通枢纽在湿地的上方架空呈现，可以便于人们去往更远的地方，货物在这里能够顺利运输，循环经济在这里能够繁荣发展，同时这些都在步行可达范围内。

以下是 2019 年在中国温州完成的项目规划方案（图8）。我们设计了温州瓯海区的城市发展策略，策略以包容性增长产业、混合活力城区、绿色高效交通和韧性城市生态为基础。值得一提的是，在这个项目中我们的发展策略是保障经济的弹性发展，同时提高城市防范风险的能力，打造绿色的城市质量、健康的城市生活环境，创造积极的城市活力与城市生活。

温州一部分的地区傍着群山，一部分与湿地网络合为一体，所以当谈到生态环境的时候，我们要面对许多不同的环境条件。城市中有一条河流流经，有一个大型的高速公路系统，以及正在建设的地铁线和轻轨线。需要注意的是，在这里因为雨水难以被山体树木保留，最终流进了大海里，而雨水冲刷山体杂物和树木的养分流进了鱼类养殖区，所有系统都是紧密关联的。为了重新创造这里的健康系统，我们计划通过植树造林改善山体，同时我们对城市内部空间也采取了同样的举措，旨在创造一个具有吸引力的生活区域。这个地方近期遭受了洪涝灾害，这是因为森林的过度采伐导致在大雨冲刷下树木无法持续性地保持水土，城市因此受害。我们在这里提供了重新发展丘陵系统的策略，涵盖了从山体到海域的整个梯度，基本的方案是实现水系统与城市内部水路的连接，在水路中创造自然地边界等，这是城市更新绿化的一部分，起着蓄洪的作用。

绿色交通网络在城市系统绿化的策略中起着非常重要的作用。因为如果城市拥有过多车辆，人们只能限于拥堵的交通中，那么城市绿化就难以实现，因此，创造能够无减少车流量且高效的交通系统是此策略的基础。我们的概念是，在这些方形地块中，尝试创造微型城市，像村庄一样。比如在 500m 的步行距离内到达交通枢纽，搭乘汽车和轨道交通，通过这种方式，"村庄"可以为居民创造出具有吸引力的场所。

绿色交通的另一层面是与公交系统相连接，创造交通的网络结构，以及与公共交通系统的节点相连接，主要的节点同样要与高速公路系统相连。"村庄"内部作为城市更新的一部分，我们希望创造更多的绿色空间，提高城市的绿化程度，给河岸、水体的沿岸创造梯度，同时引入绿色屋顶，有助于实现海绵城市。在社区的步行可达范围内创造微型公园、口袋公园，可以看到在这类微型城市的边缘有公交站点和停车空间，我们借鉴了许多胡同系统的模式。在总体规划的中心区域，这里作为连接高速公路和轨道交通系统的主要节点，同时，是具有最高可达性的区域，也是中心商务区，还包含了居住、工作和娱乐的功能，而且对所有人可达，无论是骑车、步行还是坐车出行。城市坐落于山体前，中心城区具有一个明显的核心区域，湿地得以在城市社区里继续延展。

最近我们团队有两个项目，一个是刚刚完工的乌特勒支站台，乌特勒支市背后是郊野。这个项目建立在原先的公交车站之上，现在它已经成为轻轨和公交车的复合车站。我们在车站之上建造了这样一个建筑，这里紧邻荷兰最繁忙的车

站，建筑顶层有绿色屋顶和太阳能板，建筑背后是终端站，向左是从轨道通向外部的步行道，这是建筑的居住和商业空间，只有很少一部分建筑延展出来占据地面空间，剩下的空间留给了轨道和公交。我们致力于在这个物流交通中心创造绿色的、具有吸引力的场所，居民从今年五月开始入住，恰好在疫情的高峰期，但人们很乐意居住于此。图9显示了乌特勒支站台入口出处，可以看到电车和轻轨，右侧有前来车站的出租车，可以看到这个建筑是如何站立在轨道和公交车站之上的，同时在车站上部发展商住功能，并将它作为一个微型城市来进行设计。我们试图在这里混合不同的功能，试图在城市中创造生态系统，这里是建筑的屋顶部分，现在人们来此散步，与朋友们享受派对，这里的绿化正在一天天地生长着，建筑在城市中呈现着不同层次的绿化。

另一个项目是巴黎奥运会水上项目体育馆（图1），这个项目里我们与Ateliers2/3/4公司在巴黎合作完成，该项目是为奥运会的泳池所做的方案，但建筑在生命周期内还涵盖了许多其他的功能，此外，项目还包含桥梁和建筑周边公共场地的设计，所以我们建造了一个非常紧凑的建筑，为周边地区留出尽可能多的绿化空间。这个地区两侧都有高速公路，因此，我们非常希望这里能为步行者创造一个更加绿色、且具有吸引力的空间。这里是一个无车区域，巴黎的政府通过强有力的政策保证行人的步行权利，为市民创造更多的公共空间。这个建筑50%的建筑材料是木材，是可循环的建筑材料。同时，我们还为游泳馆设计了一个悬浮屋顶，这是建筑外立面与内墙之间的过道，在里面，你可以看到泳池的看台。图10是建筑一层通往桥梁的田径体育场的过道，是围绕着奥林匹克中心的公园。

韧性健康城市的重要性无可厚非，我们在设计时，需要考虑城市的方方面面，不仅需要改变交通系统，让城市容纳更多的绿色，将经济转变成循环经济；同时要考虑如何让人们和自然共同和谐地生活，通过创造相遇的场所、户外的空间，使人们在这里能够享受生活。

汤·维尔霍文
TON VENHOEVEN

荷兰皇家基础建设部原首席顾问、
VenhoevenCS事务所创始人、首席设计师。

梦之花园
Dream Garden

摘要： 在凡尔赛学院的职教课程里，风景园林绘画作为一个基础性教学，是基于空间掌握而建立空间认知。同时，在项目实践中，要思考如何基于最基本的材料进行可持续发展。在整个项目推进的过程中，不仅仅进行了艺术化创作，还融合了各领域的专家共同商讨整个工程的落地。因此需要景观师、市政工程师和建筑师共同协作，才能让项目真正落地。

Abstract: In Versailles academy courses, landscape drawing is regarded as a fundamental course, it is based on spatial knowledge and spatial cognition. At the same time, in the practice, professor Claude thinks more about how to carry on sustainable development by using fundamental materials. In the whole process, it is not just art creation, but merge in specialists from different professions to discuss how to realize the project. Thus, the project needs the cooperation among landscape designer, municipal designer and architect.

关键词： 园艺雕塑；空间整理；风景园林绘画；生态多样性

Keywords: Landscape sculpture, Spatial integration, Landscape drawing, Ecological diversity

1 风景园林绘画：基于空间掌握去建立空间认知

在凡尔赛学院的职教课程里，除了项目实践外，有大量的时间进行基础性教学，比如空间手绘、造型表现，这些是在凡尔赛教学的主要内容。实际上这些基础性教学能帮助掌握技能技法，对整个项目的操作是非常有利的。

作为一个基础性教学，这些技能技法的掌握，对于整个项目的操纵力是非常有利的。

这些基础训练，手绘以及对空间尺度最直接的掌握，奠定了整个职业的基础。除此之外，还需要经常带着学生到公园里进行现场的教学试验。风景园林绘画，就是基于空间掌握去建立空间认知。

除了空间的构建素描课程之外，还有色彩训练课程，这种色彩带来一种梦幻的效果，即梦之花园。色彩带来的感受，是构建整个空间感受的基本元素。

笔者偏爱的表现手法为水彩，因为水彩在空间中具有通透性，能够更加准确地表达整个空间的空气感。除了在法国本土的教学，笔者还受邀在中国、俄罗斯、乌克兰进行跨国

图1

教学。在与国际学生交流的过程中，笔者体验到大家在不同文化背景下，对景观、对空间建构等认知的不同。

以下介绍一些笔者参与过的项目实践案例，它们主要是基于基本景观的研究主题而展开的项目实践。所有的项目实践是基于本人个性化的创作，其中有一些非常艺术化，还有传统的地域再创新等，主要集中于生物多样性以及可持续发展主题。

2 装置艺术：带动一个花园的生态自循环系统

在项目实践当中，笔者身兼数职，作为职业的景观师，也是职业的雕塑家，项目当中笔者更多地思考如何基于最基本的材料进行可持续发展。在设计中选择了六角形基础材料，在欧洲这种筛网更多会被用于农场养殖，比如鸡笼。实践过程中，笔者把这种笼子作为基本元素材料进行了再次创作，在创作过程中，围绕对生命主题的表达和对可持续发展的思索展开。

最开始是进行一些小件的创作，随着项目的实践变得越来越巨大，比如孔雀、凤凰，可能一开始是小雕塑，之后大到变成一个动物园的笼子。

不同的雕塑作为园林新元素被植入到花园里，作为灵感的体现，是非常诗意化的表现形式。比如，有一种鸟是朱鹮的近亲，是一种几乎快要灭绝的鸟类，还有展翅开屏的蓝凤凰（图3），在公园设计中配置的小的景观雕塑，对整体公园效果起到了点睛之笔。同样，除了动物主题部分，还进行自然界物质的其他创作，比如高度约2m的体型巨大的梨（图4）。还有一系列的园林艺术创作，它们也带有一些实用功能，比如给园丁设置修剪的界限和修剪的记号，吸引鸟类进驻的喂食器等。

如图5所示，这是个非常大的蘑菇堆肥箱，作为花园的基本元素，设计者希望能够体现可持续循环发展的过程，蘑菇的菇柄部分就是堆肥箱。希望通过这个具有里程碑意义的创作，唤醒大家对自然可持续发展的关注。

目前，这个蘑菇装置被放置于法国凡尔赛国立高等风景园林学院皇家菜园。它是整个蘑菇系列创作最为重要的开端，并且为这个蘑菇装置建立了专门的网站，后逐步开展了一系列的关于可持续发展、生态可持续循环利用的项目实践，如鸟屋、虫子旅馆等，从上到下第一层和第二层就是鸟屋，第三层和第四层就是虫子旅馆（图6），值得注意是，雕塑下半部分的小箱中被放入不同的材料，打造成生物过夜的"小旅馆"。

以上的两个装置艺术都是基于生态多样性以及可持续发展的实践，它们既满足了观赏的功能和对于艺术造诣的探索，同时也极具生态多样性，由此带动一个花园的生态自循环系统。

3 金属雕刻：传统文化传承与生态可持续发展的融合

金属雕刻部分，是关于法国传统文化传承方面创新的创作，同时也融入了生态可持续发展的理念。这个花纹的样式

但最终选择了小型设计。这个生态蘑菇还可以作为小朋友们玩捉迷藏的小躲藏屋。笔者希望通过小型的雕塑装置部分，寓教于乐，让孩子在游乐的过程中与大自然进行亲密接触。整个蘑菇装置除了金属菇伞，其他都是用可降解材料进行的创作和构造。当小朋友们在其间玩耍时，可以静静地在里面聆听大自然的声音，感受光线在屋内的改变，此装置也增强了人们与自然对话的乐趣。

希望通过这个装置吸引小孩子，让小孩子在游戏中感受到自然和人类之间的相互依存和互动。希望能让孩子在生命开始的时候和自然建立亲密的联系。并且，孩子也可以参与到建造蘑菇的过程中，感受建造的过程。

蘑菇，作为神奇的形式语汇，来自自然，但又不断放大尺度。现实中不存在巨型蘑菇，但蘑菇形式又来自于自然，因此它与自然的融合度是非常高的。蘑菇本身具有一定的魔幻性，装置同时伴随灯光，把整个空间营造出非常梦幻的效果。

此外，在进行园林创作和空间创作的过程中，经常需要植入一些有趣的园林元素，起到画龙点睛的作用。

灵感来源于法国皇家菜园百年林树的传统植栽方式和培养方式。

在创作生态蘑菇时，也尝试过相对比较大型的雕塑设计，

La Conception de Jardin

Droog
Amsterdam

图8

这些金属经过创作之后，以艺术品形式活跃于所有的园林创作当中（图7）。比如说时光机器，即前面用树的造型进行的剪影。除了一些比较活跃的艺术化、个性化的创作之外，还有对于历史题材的创作——历史文化保护区里面的公园，

公共空间以及传统的、私人的有百年传承的历史空间的再创作，以及包括所有后续的可持续维护。

所有创作形式体现了法国传统特色，以维持自然风貌、历史风貌以及满足可持续发展的要求。所有的绿植被修建成

图7

了几何形状，就是非常典型的法国传统的体现。

下面简单介绍法国园林及传统园林的背景知识。法国园林的起源，最早是由菜园的元素组建发展而来。所以菜园在法国传统园林语汇里面是不可或缺的元素。大家会思考菜园在整个大的园林当中，如何进行一个再次创作。根据菜园

正统风格的形式进行再创作，包括树枝编织、正列排设，这里所有种植的都是真正的菜，让景观成为依然活跃的元素。其中设计师有意识地将种植槽抬高，以期达到节约用水的效果——以最节约的量来灌溉所有植物。

例如，位于荷兰阿姆斯特丹的生物多样性旅馆，这是个私人旅馆后庭的小庭院。所有主题全部围绕生物多样性以及可持续发展展开，现场布置了鸟类喂食器，还有由真菌和微生物所制，用非常个性化的艺术化语言进行再现的小构件。

在生物多样性的表达中，充分考虑了水的再循环利用以及生物共存共发展的可行性空间。在各种不同类型的需求下，去进行空间的组织。不仅包括种植的植物，同时还有很多装置混合在花园当中，例如这里有非常多的雕塑，从天上的到地上的，以及走到两边的小花坛里面都有放置，它们在自循环的空间系统当中可以有效地运转（图8）。

这个小花园具有相当强的社交功能，人们可以在里面散步、会面、休息，实用功能很强。这也是一个生态自循环的可持续发展的迷宫式菜园，游人可以在里面进行路径探索，与自然对话，与生态环境对话。

小花园用非常几何的园林制造了圆形的迷宫，内部种植的都是可食用植物以及蜂巢和灌溉系统，迷宫内部可以顺着牵引绳攀岩，所有设置都是为了形成生态微妙的平衡感。在2020年，北京园艺博览会邀请我做了个小花园，花园以玫瑰来命名，依然是用法国最传统的园林语汇进行建造。传统法国语汇表达的核心主题是浪漫，这是所有人对法国的印象。在此希望大家能够从落地的项目中感受到来自遥远欧洲的气息（图1）。在整个项目推进的过程中，我不仅仅进行了艺术化创作，还邀请了各领域的专家共同商讨整个工程的落地。因此需要景观师、市政工程师和建筑师共同协作，让项目真正落地。

克劳德·帕斯普尔
CLAUDE PASQUER

法国凡尔赛国立高等风景园林学院教授，雕塑家。

趋近自然
Approach to the Nature

摘要： 现如今，大多数建筑都充斥着人工痕迹，没有与大自然融为一体。本文探讨的是如何保留当下，重构废墟，使废墟逐渐回归自然并重生，而不是简单粗暴地推翻它，再用新的材料去建造新的建筑。"废墟是逐渐回归自然的一种建造"，这是自然之神借此呈现的一种真理。

Abstract: Nowadays, most of the buildings are full of artificial traces, but they are not integrated with nature. This article discusses how to maintain construction's present shape and reconstruct the ruins, so that the ruins gradually return to nature and rebirth, rather than simply overthrow it and use new materials to build new buildings. "Ruins are a kind of construction gradually returning to nature", which is a kind of truth presented by the God of nature.

关键词： 自然；废墟重构；原生态

Keywords: Nature, Reconstruction of ruins, Original ecology

中国传统乡村建筑有自身的传统文化基因。将中国的文化思想和西方的文化思想做比较，可以发现两者有相同的基础，即人和自然之间的关系。

图 1 是在福建北部宁德地区拍的，这是一种廊桥，有 400 多年的历史，但因为地理位置偏僻，中国建筑正史里从未提及。它是木拱廊桥，在 20 年前才被发现，这座桥就是非常著名的杨梅州桥。它表达了我们先人和自然相处的一种态

度。它在一个村庄的端头，几乎看不到村庄，两边是高挺的山，这座桥承载的是一个村庄的公共空间、交往空间，而不是像路板一样的桥。按照中国的民俗，它是一座风水桥，桥里头放着祖宗和各路神仙的牌位。它也是一座构造在纯自然环境里的非常有人文气息的建筑，特别能代表中国建筑文化。

"自然"的英文是 nature，在西方语境中，nature 对应的就是人造物，人之外的东西。"自然"这个词很常用，但大家通常并不会思考它在语境中的含义。在中国传统文字中，"自然"其实更代表着一种自在而然的状态，并不特指相对的存在、自然界的存在。另一个词"自在"，道家特别爱用，这是自然而然的状态，自在的存在，指的是不受人影响的存在。

用这样的观点看，这张照片体现的是人的介入和真正自在而然的存在，两者高度融合成为一种新的自在而然，这是

东方人在传统村落建设中特别注重的整体感觉。反映在传统文化中，比如这幅山水画（图2），其中的山并没有奇特之处，但是因为中间的民宅建筑，呈现出一个散落的状态。这不是写生，而是画家心中的一个自在而然的环境。

自在而然的环境达到极致时，可能是一种废墟的状态。图3显示的是两个废墟，其中一个是围墙，屋子里的东西都被拆走了，但是依然可以从残垣破壁上看到往昔建筑的痕迹，窗户、楼板的位置等痕迹都被印在这个墙上，风吹雨淋，岁月流逝，周围庭院里的植物又生，整体成为一个自在而然的状况，但人的痕迹、文化的痕迹依然可以从中体现出来。另一个方形的土楼，能看出建筑的构造，但其他的装饰与人的痕迹都已经没有了。因为中国木构建筑和自然是一个一级层次的关联，这样人去楼空、风吹雨淋的状态，更能体现出内在的建构精神。

图4是台湾摄影大师陈传兴拍摄的位于台北林家花园残破的照片，具有光影斑驳的意向。虽然这个楼后期被修复完好，但真实的还原和废墟中呈现出的自在而然的状态相比，后者被艺术家、摄影家捕捉到的那种感觉，确实是另一

种精神层面上的存在。

图5、图6展示的建筑是挪威的一个博物馆，它是由挪威建筑大师费恩设计的。图中左边是一个非常不错的考古现场博物馆，用大块的玻璃罩住，但右边就是比较有特点、有思想的一个设计，意图探讨"废墟是需要完全复原还是把它作为一个基础，继而再去提升或是思考"这个问题。

费恩的作品中就有这样的思考，在原有的废墟上新加屋顶，中间留出行走空间、展室以及通道。他在处理废墟和地面的关系上也很有自己的见解，如图7所示，这个柱子是点接触的结构，做到了对地面最少的破坏，这也是对场地的尊重。因为挪威冬天很冷，这个建筑在冬天是关门的，由于没有窗户框，风会从建筑的大缝里吹进去，为了保护好废墟的状态，费恩不愿在废墟的上面再加窗户。

通过费恩一系列的草图可以看出，他在处理建筑的时候和原有废墟、原有基地之间有一种对话的关系，可以用天、地、人的关系来解释。包括威尼斯的挪威馆他也是这样处理，将场地上的树留下来，然后和建筑融合为一体。这些都代表着费恩的自然观。

费恩曾经说，东方人对于场地的处理和挪威人对于场地的处理是不一样的。挪威的场地是新鲜的、是生土。为什么是生土？因为在那之前没有什么人类的痕迹，挖出来的土都是大自然的生土，更应该细致地保护。而东方的土挖出来，不知道能挖出什么，有无数的地底下埋着各个朝代时期人类的痕迹，所以两者是不一样的态度，但对于自然的保护是同样重要的。

另外是西方当代著名建筑师彼得·卒姆托（Peter Zumthor）在挪威的作品，他在山里做了一个矿业博物馆，照片拍的色调比较灰，整个格局看上去就像空残的绘画一样（图8）。在山里小小的散居着这些建筑物，建筑物和场地的连接就像我们的吊脚楼一样，和下面石头通过焊接的平板进行点面连接，就像用脚趾轻轻接触大地。

我国也有很多优秀建筑师是用这样的思路去思考，图9是李晓东老师设计的桥上书屋，从图上可以看出，他也应用了这样的处理方式。其实对于农村的环境处理，比如福建的土楼，能够看出传统村落和自然的关系，在边界区域和地形的融合，周围都是梯田，正是因为梯田线条的存在，让整个村落的结构和梯田山的结构形成一种非常清晰的图解，显示出人居环境和自然环境非常好的融合状态。

图10可以看到残破的土楼正在降解，所谓降解，就是这个土楼正在被自然重生所降解，回归自然，趋近自然。这种趋近自然的状态在于在建筑材料的运用上与自然的关系更为接近，所以它有一种可降解的可能性。但更多的是一种文化意味，一种感觉上的降解。

图11是我们举办的一次展览，完全用木头和生土做的土楼，代替有机玻璃的使用。三年以后，从土楼顶上给废墟的建筑拍了张照片，能够看出已经呈现出一种坍塌的状态（图12），实际上这也是一种非常自然的状态。当再次找到这个模型时，它已经被遗忘不知道多长时间了，而它呈现出的自在而然的状态和我在福建看到废墟中的土楼非常一致。

通常很多人会认为，废墟之所以成为废墟是因为它已经失去了使用的可能性，但我想传递出来的感受是"实际上废墟是一种对自然的再解读，是和艺术有共通性的"。所以，如果不那么物质地去看待居住的场所和建筑师们追求的空间感，而是从艺术的角度来看的话，这是容易被接受的。

图13是我的学生站在废弃的土楼中间，我相信她体会到了什么。这个体会可能就是一个瞬间的感觉，她去了这个地方，可能再也不会去了，但这一瞬间的体会就足够了。"瞬间"在这个点上，未来和过去都在同一个地方出现，过去的

图7

图8

85

废墟会留存到现在，就像将来也会变成废墟一样，这是日本建筑大师矶崎新的感叹。

王澍大师是中国到目前为止第一个获得普林斯克奖的建筑师，由他设计的宁波博物馆的外墙面，就使用了废弃的砖瓦（图 14、图 15），这在国际上是非常有影响力的。王澍先生设计的宁波博物馆的外墙面，就像石碑上用墨来拓像一般转译到他的新建筑上，看到这个建筑时会唤醒一些美好的记忆。

在西方也有开设这样的课程来研究和设计创作。观点是"废墟是逐渐回归自然的一种建造"，这是自然之神借此呈现的一种真理。比如看到人去楼空以后留下的木构，那种所表达出来的建构，表达出建筑的本质。

"渐进自然"在建筑学上是一种逆向的思考，它并不单指变成废墟又回归自然，而是在这样的概念中去体会中国人跟自然的态度，其实和大的景观概念相符。我们不停地在新建、更新、处理、使用，把自然推掉建成人工，但实际上自然是自在而然的状态，它是一个存在的力量，它会用一种反向力量唤醒存在的感觉。

所以日本建筑师矶崎新用废墟作为城市意向的想象，其中他说到：未来城市并不会因为知道是废墟就结束了，其实一样东西从它获得生命的那一刻开始，直到变成废墟，生命消失，这种直线性的概念是欧洲的概念，不是东方的概念。东方的概念认为事物消失以后还会再生，所以说未来的城市是一座废墟，它是消失的，也是再生的。这是东方的概念，不是西方的概念。

我们人类建造的所有东西，最终会渐进自然，这种自然可以是西方人认为的对应面，也可以是我们东方文化中那种任其自然，自在而然的一种感觉。

周宇舫
ZHOU YUFANG

中央美术学院建筑学院副院长。

公园与城市生活
——公园属性的反思
Park and City Life: Thinking About City Features

摘要：中国近现代公园的属性有所偏离，表现在基本职能错位、使用主体被忽略、民主决策缺失和设计与自然脱离等方面，而解决这些问题的对策就是以自下而上的设计使公园回归日常生活。

Abstract: A deviation of park feature is a quite common syndrome in Chinese modern built parks. It happens in function deviation, theme is often neglected, democratic decision is missing and the design itself is far away from nature. The solution is a thorough bottom to top design and bring park back to normal life.

关键词：城市公园；纽约中央公园；中国近现代公园变迁

Keywords: City park, New York Central Park, Chinese modern city development process

由自建的第一个公园（齐齐哈尔龙沙公园，1904）（图2）算起，中国近现代公园的发展历史已逾百年。但中国公园并没有遵循西方公园的模式发展，而是始终与中国的社会现实相关，在不同的历史时期被掺入了各种意识形态内容，额外地承担了西方公园所不具备的诸多功能。如果将当代中西方公园进行横向比较，中国公园的空间形态、功能和主题均显得复杂而沉重。

1 原理：公园的原初属性
1.1 公园起源
城市公园（图1）的产生有着特定的社会背景和动因。18世纪产业革命带来了一系列环境及社会问题，如城市规模扩大、自然环境恶化、环境污染加剧及工业化体制对人们的身心造成压迫等。这些问题使人们特别是工人阶级产生了亲近自然和休息娱乐的需求。1830—1840 年期间蔓延于欧洲大陆的大霍乱直接导致世界上第一个公园——英国伯肯海德公园（Birkenhead Park，1847）的产生。受其影响，1873 年在美国诞生了真正对后世城市公园建设产生深远影响的纽约中央公园（图 3）。

1.2 公园属性

1.2.1 自然属性

自然景色令公园成为城市生活中不可缺少的"解毒剂"。

在美国著名景观设计师奥姆斯特德看来，人眼摄入过多的人工制造物景象会影响人的心智和神经，以至整个人体系统。而自然的景观可以把人从严酷、拘束不堪的城市生活中解脱出来，它能清洗和愉悦人的眼睛，由眼至脑，由脑至心。新的科学理论证明了植物有利于人的身体健康，这一研究结论也引起了人们对公园的关注。

1.2.2 民主性

在欧洲和北美，资产阶级革命胜利后，政治力量重视满

图1

足工人阶级的精神需求被视作一种民主的体现。当时兴起的功利理论认为"所有的行动都应该以使最多数人获得最大的幸福为目标"。民主思想和功利理论的影响促使民主政治领袖们开始考虑创建城市公园，并将公园运动作为19世纪下半叶社会改革运动的内容之一。

1.2.3 公平性

公园是城市中能将大量的人近距离集结到一起的唯一场所。"不管是穷人或富人，年轻人或老年人……每个人的存在都使他人感到快乐。"奥姆斯特德认为各种阶层的人都能在公园里面会集在一起，没有身份、地位的差异。"中央公园是上帝提供给成百上千疲惫产业工人的一件精美手工艺品，他们可能没有经济条件在夏天去乡村度假，在怀特山消遣上一两个月时间，但是在中央公园里却可以达到同样的效果而且容易实现。"美国纽约中央公园委员会称："公园是提供给不同阶层的人们充分享受空间和美景的'最优之娱乐'场所，强调景致的奇特美丽和游人的平等待遇。"

1.2.4 休闲性

公园是用来休闲娱乐的地方。中央公园在建设时，一些捐助者千方百计要在公园中树碑立传，奥姆斯特德的合作者瓦克斯（Calvert Vaux）联合艺术界人士写了一份报告，说明公园是为娱乐、舒适而建。

2 问题：中国近现代公园建设的意识形态变迁考察

2.1 近代公园建设的意识形态变迁

2.1.1 清末公园（1840—1911）：空间殖民主义与民智开启

清末公园包含3种形态，租界公园、私园公园、政府或地方乡绅集资兴建公园。租界公园本质上是一种殖民主义空间，如英国、日本、德国的殖民者在租界公园内设立具有殖民侵略象征的建筑物、纪念碑。但租借公园同时也向国人展示了西方的公共生活形态，在某种程度上刺激了中国传统私园的异化——私园公用，如上海的张园。这一近代中国园林转型事件又促使官府和地方乡绅自建公园，使20世纪初的中国便有了齐齐哈尔龙沙公园（1904）、天津劝业会场（1905）、昆山马鞍山公园（1906）、锡金公花园（1906）（图4）等一批对国人开放的公共园林。

当时提倡兴建公园的精英认为，公园"有益于民智、民德"。一是以公园引导民众接受文明健康的生活方式，令久困斗室之内或出入不健康场所的国人"洗刷胸中的浊闷""增长活泼的精神"。二是以公园培养民族自尊心。1893年上海张园的大规模改造是为了与租界的"外滩公园"一争高下，1906年马鞍山公园的辟建挫败了英国人的占地图谋。三是借公园的场地表达公共话语，质疑和抨击皇权。清末十年间

公园内频发主张制约权力、抗议丧权辱国条约、宣传民主革命等政治活动，对于防止权力专断起到了积极的推动作用。

2.1.2 民国公园（1912—1948）：生活教化与政治控制

到了民国时期，公园有两个作用，第一是生活教化，第二是政治控制。

公园中常设有公共图书馆、民众教育馆、讲演厅、博物馆、阅报室、棋艺室、纪念碑、游戏场、动物园及球场等公

益设施，用以转换民众获取自然及社会知识的方式：由分散零星接受转向集中系统接受。同时，严格的游园规则加强了对民众行为的控制，将其生活习惯纳入由精英构建的社会秩序中。即便只是在公园中散步，也是对下层民众的一种教化，因为个人行为完全暴露在一个由熟人和陌生人等各种人物构成的公开领域里，受制于公共的行为准则。

政治控制表现为灌输政治符号、传输民族主义精神。政治宣讲、实物或标语将政治意图转化为游园时的活动或"不期而遇"的景物（陈列馆、纪念碑、地图、匾额、对联和景名等），潜移默化地将革命思想、国家认同和政府意志植入公众精神之中，特别是极具民族主义象征意义的"中山"符号被渗透进公园，引发了中国造园史上的一个特殊现象：全国各地至少出现了 267 个中山公园。另外，政府开放了大量的传统官方或私人活动空间，如皇宫陵寝、皇家园林、官署衙门、私人住宅、私家花园等，以供民众游览，在节约开支的同时使民众感受到帝制废除后政府的明政。再如，精英们巧用租借公园歧视华人的规定，以公共话语培植了人们"华人与狗不得入内"的集体记忆，以之鞭策国人，达成政治共识。

2.2 现代公园建设的意识形态变迁

到了中华人民共和国成立以后，城市公园真正意义上成为公众所能共享的一个公共物品。

2.2.1 恢复、建设时期（1949—1957）：苏联榜样与文化休息

中华人民共和国成立之初，实行了向当时的苏联"一边倒"的政策，"苏联经验"一度成为中华人民共和国园林事业的绝对标准，影响到行业的定位、实践的领域以及具体的园林绿地类型的规划设计方法。当时公园被确立为一个开展社会主义文化、政治教育的阵地，在"自然环境中，把政治教育工作同劳动人民的文化休息结合起来"。保护文物、设置主题雕塑、举办科普展览是常见的举措。

2.2.2 调整时期（1958—1965）：社会主义内容与民族形式

"民族形式"在很大程度上是相对"苏联模式"而言的。"社会主义内容"大致可对应公园的"文化休息"特性。但也有学者认为其实质应为"民族形式"，即"寻求古典主义"。

在实践中，两者往往是相融的。当时的造园手法发展了古典园林表达"诗情画意"时常采用景题和匾联的传统，将反映社会主义内容的园名（如人民、胜利、劳动等）置于园名牌匾上，并时常借传统书法之形题之。

2.2.3 损坏时期（1966—1976）：破旧立新与红色园林

"破旧"在物质上砸烂了公园的形体，转换了公园的功能。"红色园林"则在文化上进行了"立新"。

2.2.4 蓬勃发展时期（1977—1989）：拨乱反正与以园养园

第三次全国园林工作会议（1978），拨乱反正，统一认

识，为公园建设的重新起步铺平了道路：首先，恢复被破坏的公园及建立风景区名胜区制度。第二，大力建设街景绿地，促使许多城市利用环城或环护城河的地段建成绿地。

由于早期学苏的缘故，中华人民共和国的公园实际是饶有趣味的文化娱乐中心，而非风景优美的绿地空间，重视容纳社会活动的建筑设施、场地，绿地次之。大量资金用于建设公园中的剧院、露天剧场、文艺馆、音乐台、各种展览馆、餐厅、咖啡厅等商业、娱乐设施。

2.2.5 巩固前进时期（1990 年至今）：精英意志与宏大叙事

进入 20 世纪 90 年代后，内外影响因素过多，公园的发展过程极为复杂，21 世纪之后更呈现出百花争艳的面貌。管理精英和技术精英试图将公园打造成某种理想模式：功能上几乎涵盖了所有可能，如美化、游憩、锻炼、社交、低碳、生态、避震减灾、文化、教育、科研等，成为解决环境、社会问题的"良方"；文化上担负起体现地方政治、几百年乃至上千年历史和文化等多方面的重任，成为地方的"文化牌""政绩牌"；经济上承担起以环境特色招商引资、以吸引人气的职能，成为地方的"经济增长点"。公园以一种宏大叙事姿态出现在世人面前，只是这种叙事需求并非来自国家话语。

2.3 中国近现代公园属性的反思

纵观整个变迁历程，一条主线贯穿全程：公园的真正主体——民众始终处于客体地位。

2.3.1 中国近现代公园建设的意识形态变迁规律
第一，意识形态内容取决于具体的社会环境和制度环境。
第二，国家意识形态灌输和精英意识形态主张交替出现。
第三，塑造理想公园和理想国民始终存在于变迁过程中。
"寓教于乐"、"游学一体化"的公园设计模式因此而贯穿、主导整个中国近现代公园的规划设计史，至今仍是公园规划设计实践必不可少的要素。

2.3.2 中国近现代公园属性的偏离
近现代公园的属性是偏离的。

第一，基本职能错位。在中国近现代公园的发展历程中，作为教化场所和"类公共领域"的两大职能始终强于其基本职能——游憩功能。国家、政府、精英过分强化了公园的意识形态功能，传统中国人追求的"知山乐水""天人合一"等崇尚自然的游乐精神则被忽略。大部分民众去公园不过是想形神俱惫时，"得一游目骋怀之处，博取片时愉快"。

第二，使用主体被忽略。中国近现代公园的主体——民众总是处于精英们的塑造之下。民众被安排为政治思想、国家认同和政府意志传输的受众。但对于多数民众而言，公园是自由的场所，去公园不一定是接受文化和政治教育，放松、休闲才是真正的目的；而另一部分底层人士则希望借公园恢复体力或谋得一丝生计。

第三，民主决策缺失。民众在公园中参与的是社会精英精选的议题，管理者、专业技术人员也只在理论上承认公众参与的重要性，在实际操作中市民未能真正参与公园规划设计、建设与管理的决策过程。

第四，设计与自然脱离。中国近现代公园大到空间布局，小到构成要素无不展现教化、政治的内容，归结起来有三种形式：一是空间布局的象形化，二是构成要素的建筑化，三是园林小品的雕塑化（图6、图7），将意识形态内容转换成符号、图形和文字，以直接、模拟、抽象、隐喻和象征等手法，通过对植物膜纹、雕塑、墙体、柱体及铺装的镂刻、雕琢加以展现。

3 对策：日常生活的回归与自下而上的设计

要解决这些问题，需使公园回归日常生活，回归自然，

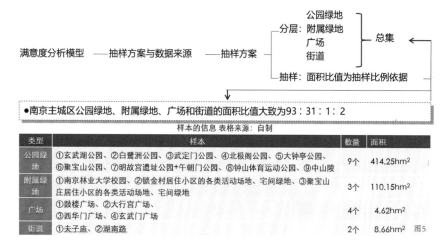

满意度分析模型 —— 抽样方案与数据来源 —— 抽样方案

分层：公园绿地、附属绿地、广场、街道 —— 总集

抽样：面积比值为抽样比例依据

● 南京主城区公园绿地、附属绿地、广场和街道的面积比值大致为93：31：1：2

样本的信息 表格来源：自制

类型	样本	数量	面积
公园绿地	①玄武湖公园、②白鹭洲公园、③武定门公园、④北极阁公园、⑤大钟亭公园、⑥聚宝山公园、⑦明故宫遗址公园+午朝门公园、⑧钟山体育运动公园、⑨中山陵	9个	414.25hm²
附属绿地	①南京林业大学校园、②锁金村居住小区的各类活动场地、宅间绿地、③聚宝山庄居住小区的各类活动场地、宅间绿地	3个	110.15hm²
广场	①鼓楼广场、②大行宫广场、③西华门广场、④玄武门广场	4个	4.62hm²
街道	①夫子庙、②湖南路	2个	8.66hm² 图5

这在技术上并不是复杂的问题。欧美以自然式风景园为主体的近代公园展现城市公园的原初属性与形态。

我们课题组以满意度为媒介，进行了城市开放空间（公园绿地为主体）的满意度实验（图5），从整体层面上对开放空间进行自下而上的研究，探寻具有规律性的内容。满意度是中间媒介，而不是目的，实验以市民的意愿为依据，科学提取市民的真实意愿，并且寻求一种整体认知开放空间的新途径。

实验以面积比值为抽样比例依据，选择在南京主城区的公园绿地、附属绿地、广场和街道发放问卷。满意度分析模型评价因子设置了13个指标，用五级的量表。以城市开放空间使用者满意度问卷调查为数据收集手段，以统计学的相关分析和回归分析为数据分析技术，建立了城市开放空间满意度的中观层面的因子分析模型，得出与开放空间满意度关系密切的中观层面评价因子。

依据以满意度为因变量的多元回归分析，可以建立一个开放空间满意度回归方程。其中5个因子跟满意度是密切相关的。需要指出的是历史文化指标不在其中，公众对这方面并不关心。吸引力成为权重最大的影响因子，这表明各类开放空间自身的特点和资源优势比面面俱到、大而全更为重要。

课题组在相关性分析的基础上，又进行了主成分分析，形成了南京主城区开放空间规划与管理应着重考虑的3个宏观因素（主成分）：感知度、活力度和需求度，指明了规划和管理的主要方向，而主成分及其内部中观因子的排序则显示了规划和管理工作的侧重点。

该实验归类分析表明了3个问题：首先，以满意度为媒介认知开放空间有助于发现开放空间之间的共同点、差异性及各自的优势条件；第二，开放空间获得南京市民认同的途径是多元而非唯一的，并不需要开放空间满足所有中观因子的要求才能获得市民的认同；第三，专业人员在从事开放空间规划和管理工作时，应从整体上把握研究范围内开放空间的特点，分类对待，突出优势。

图7

2个实验设计出了一种以使用者满意度为媒介认知城市开放空间的方法，从而进一步论证了公园回归原初属性的必要性。

此外，课题组为进一步论证自下而上设计行为的可行性，进行了一个开放空间功能评价实验。在实验中，功能评价模型以使用者的活动期望为依据，建构了以最小有效活动区域面积及其内部各功能区域的面积为考核指标，以活动的丰富性指数与丰富性评价得分为验证指标的城市开放空间量化评价模型。实验选取了南京主城区的2个广场，进行实测、活动观察、问卷调查，计算出考核指标与实测数据。通过两者的对比，可以发现一些具体问题。从满足市民日常生活需求的角度来说，2个广场在功能上存在不足之处。活动丰富性指数和丰富性评价得分验证了评价结果的可靠性。

课题组尝试通过3个实验以量化的方式转译公众关于公园的意愿，对公园进行自下而上的认知，实现2个回归：一是回归日常生活，即公园"权利的大众化、市民化"；二是回归自然，少一点虚妄和设计之意。简而言之，住在城里仍可领略优美的自然风光，换换空气、提提精神，这就是城市中设立公园的理由。

图1 城市公园
图2 齐齐哈尔龙沙公园
图3 纽约中央公园
图4 无锡公花园
图5 城市开放空间满意度实验
图6、图7 园林景观小品

邱冰
QIU BING

南京林业大学风景园林学院副院长。

基于地域文化传承的城市公共景观设计探析

ANALYSIS OF URBAN PUBLIC LANDSCAPE DESIGN BASED ON REGIONAL CULTURAL INHERITANCE

摘要： 伴随着快速的现代化城市建设，众多城市出现了地域特色丧失、传统文化没落等一系列的问题。在城市公共景观实践中，需要探索出一条传承文脉、融合地域文化的道路。通过隋唐洛阳九洲池景观改造、南头古城保护与利用与唐山皮影主题乐园3个案例的分析，总结提出了基于地域文化传承的城市公共景观设计方法。

Abstract: With the rapid construction of modern cities, a series of problems appeared in many cities, such as the loss of regional features, and the decline of traditional culture. In the practice of urban public landscape, it is essential to explore a way of inheriting cultural context and integrating regional features. The author puts forward an approach of urban public landscape design integrating regional culture through three case studies, including the improvements of Luoyang Jiuzhou Pool in Sui and Tang Dynasties, the utilization and historical preservation of Nantou Ancient City, and Tangshan Shadow puppetry theme Park.

关键词： 地域文化；文化景观；城市公共景观

Keywords: Regional culture, Cultural landscape, Urban public landscape

1 地域文化与城市公共景观

在全球化的冲击下，传统营造手段被大规模工业化工程所取代，现代化城市建设不可避免地出现了地域特色丧失、"千城一面"的问题。大规模粗放的建设不仅带来了对生态环境的破坏，也造成了更大的贫富差距和社会不公，许多处于弱势的地域文化衰落甚至消失。城市公共景观作为满足居民生活需求与公共使用的室外空间，既承载了城市的文化价值，也代表了城市的精神面貌与时代特色。因此，如何融入与体现地域文化特色是城市公共景观设计的重要任务。

地域文化是一个地方的人们稳定下来的所有生活方式与生活习惯的总和，包括社会组织方式，经济生产方式，审美习惯以及对城市、建筑与环境空间的建造及使用方式等。在生产与生活实践中逐渐形成并稳定下来的习惯是群体世界观、价值观、哲学观与美学观的物质表达与行为表现。作者在长期实践中率先发现了地域文化的力量，尝试将城市公共景观设计与众多独特地域文化融合，把地域文化实践播撒到国内的土壤。在这些地方，通过现代景观理念与众多独特地域文化融合，形成了"新文化景观"的思潮。在地域文化

图1

的背景下，每一个作品都根据它所在的环境形成了最适宜的形态，本质上即"君子和而不同"的思想观念。

2 地域文化的转译与输出

2.1 将文化景观引入遗址改造

1974年苏尔就已经提出了文化景观（Cultural landscape）的概念，他认为"文化景观是任何特定时期内形成的构成某一地域特征的自然与人文因素的综合体，它随人类活动的作用而不断变化"。1992年世界遗产委员会阐明"文化景观包含了自然和人类相互作用的极其丰富的内涵，代表了某个明确划分的文化地理区域，同时亦是能够阐明这一地域基本而独特文化要素的例证"。

在遗址改造中引入文化景观的概念是抛弃以往局限的物质空间保护论，从价值层面对遗产进行文化解读，提取传统文化的内涵注入现代公共景观的建设。在遗址改造中应该结合历史的人文语境，在尊重历史的基础上进行翻新，展现历史文脉，更关键的是要被今人所理解，为今人所用。

以隋唐洛阳城九州池景观改造设计项目为例，该遗址是唐代女皇武则天时期著名的皇家园林，设计团队根据九州池考古发现和史料记载，梳理形制布局与水域边界，结合现代材料进行了格局复原（图2、图3）。建筑布局均按九州池

原院名，营造九大主题意境。湖中央一岛取义豫州，象征中原；园北堆山喻指昆仑、华山、泰山，分置千步阁、望景台、神居院，象征中华龙脉生气贯通，神都洛阳居龙脉之上，龙气汇聚。择史料所记院名，花光院、山斋院、仁智院、神居院、仙居院、翔龙院各院相对位置与史料记载中基本相符（图1、图4）。

设计团队还采取了"寻古"的设计思路，将自己设身处地想象成唐代的古人，用"意在笔先"的方式，试图在造园上找到与唐代造园师相通的路径。通过对唐代园林进行深入研究，把握唐代皇家园林的造园精髓，沿用其大气磅礴的气势。再结合史料作为造园设计的指引，并绘制手绘图指导施工，还原遗址。园内驳岸叠石也均是先绘制手绘图，再到现场按图施工和调整。

除了院落复原之外，对进入南侧入口后的南御道、东侧的东御道也进行了改造。南御道原本是商业开发遗留下来的未建成的地下车库，设计团队结合场地需求变车库底板为御道，御道下设计成下沉广场。御道两侧配上唐代制式的灯笼，增加景观透视感及恢宏感（图5）。东御道是武则天从礼佛之地到后花园的必经之处，其景墙瓦的样式必须遵循隋唐样式，但宫墙制式的砖瓦手艺现已失传。经过长时间的文献查找、纹样及尺寸确定等过程，专门定制了宫墙的瓦片（图6）。同时由于地仗的工艺也已失传，只能将古代工艺和现代工艺

相结合，在质感上追求接近古代工艺。通过对遗址的复原与改造，唤起人们对唐代文化的情感共鸣，增进大众对于遗址的文化解读。

2.2 用现代创意再续古城文化活力

对于历史悠久的古城而言地域文化的传承更加重要，古城活化也是近年来地方政府和学术界普遍关注的焦点问题。与大规模改造翻新不同，古城活化更加强调根据自身的文化特色为古城找到新生命。在传承历史的基础上融入现代创意，有利于吸引更多具有创意的年轻人，他们又能够通过自己的方式为古城带来更多的文化活力，如此良性循环，古城会自然而然形成一个具有多元文化、具有包容性且有活力的城市生态系统。

以南头古城保护与利用项目为例，作为具有 1700 年历史的岭南古文化遗存，深圳城市中仅有的历史文化载体，南头古城见证了东晋以来深圳地区的风云变迁，被认为是"深港历史文化之根"。设计团队通过点（文化展示）、线（历史轴线）、面（活化建筑）有机串联不同片区，从"城市的寻根与再生"角度切入进行设计。寻根即是研究解读南头的历史变迁和民风习俗，深入了解南头古城的功能、空间和价值，挖掘南头古城的闪光点；"再生"则是将历史的转译为当代的，让南头古城"活"起来。

在古城南侧的内外过渡区域中，分布着基础重要的历史建筑，包括古城牌坊、关帝庙和南城门等（图 7）。这些历史文化要素沿中山南街分布在两侧，形成了开合有序的空间序列。改造中，设计团队首先围绕着牌坊附近的历史文化要素理清了场地中的竖向问题。同时打开了临街的围墙，使这一片与城市的连接处形成了更为开放的空间。

在古城街道的改造中，设计团队采取了划分公私区域、分类解决问题的思路。以店铺前高地的界限作为划分公私的界面，主街做统一的铺装，高地以上部分业主可自行装饰设计。同时针对店铺前"有空地""无空地""仅有台阶""共用铺前空间"几种情况，分类提出了不同的设计策略，兼顾沿街风貌、路面排水、景观绿化等问题，最终将破碎、杂乱的街道改造为如今连贯、通畅的形态（图 8）。

此外，在街道路面的改造过程中均采用了岭南传统街道的铺地材料和组合方式。路面上的排水金属构件与石质井盖，也都采用了符合当地风貌的材料进行铺设。同时根据每个建筑沿街立面的特点，为每一段立面设计了形式不同却风格协调的景观构造（图 9）。最终，承载着悠久历史文化的主街焕发了新的生机。

2.3 让非物质文化遗产走进生活

非物质文化遗产作为民族文化特征的"活化石"和典型

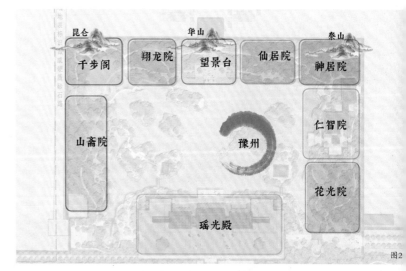

图2

的地域标志，隐含了丰富的民族智慧、民族文化、民族精神。但是随着城市的发展，非物质文化遗产由于渐渐淡出人们的视线，面临着无人欣赏也无人传承的困境。在城市公共景观中引入非物质文化遗产，从形态、颜色、材质等方面提取元素形态，对元素进行打破、重组。结合现代科技、材料、工

图5

图6

图7

计团队发现皮影是唐山本地一个非常重要的文化标志，也是国家级非物质文化遗产。但由于传统的皮影文化与现代生活结合的形式较为单一，在传承中出现断裂的状态，这个古老的艺术随着城市的发展逐渐式微。为了让皮影文化重新走进人们的生活，设计团队尝试使用立体主义与解构主义重新诠释皮影文化。皮影本身就是解构的艺术，其中每一个部件都可以进行拆分与重组。这与立体主义中"追求碎裂、解析、重新组合"和解构主义中"颠倒、重构"的理念完全契合。同时，皮影戏断断续续的连接动作形成了其独特的戏剧美感，皮影戏可以看作是一种古老的"中国动漫"。

基于对皮影的分析与解构，设计团队提出了亲子主题乐园的设计理念——"舞动的皮影，行进的唐山"和"最古老的动漫、最时尚的皮影"。在当代的审美观与思想上对皮影进行重新诠释，也是对皮影非物质文化遗产的传承与发展。在主题乐园的整体规划方案设计上，共设计了皮影大道、皮影剧场、皮影泡泡乐园、洛嘉梦工场乐园、魔幻森林、亲子餐厅等30多个景观节点，120余项儿童景观专项设施（图10）。

设计通过皮影将整个项目的景观、建筑、小品、IP以及衍生的文创产品串联为一个整体，成为一部结合了现代手法对唐山文化进行演绎的景观动漫。例如在皮影大道节点中，从"卡通""经典"和"传统"三个方面重新定义皮影，采用现代的材料和工艺将传奇人物形象以皮影的形式呈现。在皮影剧场中也增加了声光电的互动，当踩到地上的控制开关时，每一个皮影会变换颜色，并播放该皮影所在区域的特色皮影音乐。

在IP以及衍生品设计方面，创造了"皮影兔"的IP形象。活泼可爱的皮影兔一家刷新了大众对于"皮影"这一传统文化元素的刻板印象。再结合儿童主题乐园的设计，打造了一系列"皮影"的新玩法，让非物质文化遗产走出博物馆，真正走进人们的生活。

3 基于地域文化传承的城市公共景观设计方法
3.1 自然人本，突出人文精神

地域文化必然会体现其社会性，由社会到家庭再到个人，都将会成为景观的一部分，因此"自然人本"也是不可或缺的。除了九州池、南头古城与皮影乐园之外，设计团队也对地域文化与城市公共景观的融合进行了更多的实践探索，包括工业遗迹改造、街心公园、社区公园等。在作品中设计团队始终追求满足人的需求，更加注重公共景观的实用性，让景观回归生态和社会属性，回到"实用与好用"，回到"务实与人本"，回到与世界语境的对话。

艺等方面，将非物质文化遗产转译为具有符号化特征、符合现代审美的景观元素，既不失传统又具有生命力。从根本上解决了非物质文化的继承与创新的问题，也可以作为探索实践非物质文化遗产活化的切实可行的新路径。

以唐山皮影主题公园为例，经过对唐山文化的挖掘，设正如一方水土养一方人，一方山水也养育了一方文化。不同地域的人群具有不同的思想观念，地域文化体现了地方人文精神传承的道德追求与价值取向。城市公共景观是承载地方人文精神的物质实体，在设计中突出当地的人文精神，即利用空间中的显著特征与场地产生联系，促进现在与未来的人们更加深刻地理解地域文化，产生情感意义上的互动。随着社会经济发展速度放缓，人们对人居环境的需求从物质环境转变为对精神文化的需求，基于地域文化传承的城市公共景观更能唤起人们的归属感与幸福感。

3.2 景观叙事，强调地方价值

"造园如作诗文，山水是地上之文章"，中国传统园林十分重视通过叙事主题进行文化情感的传递与意境的营造，如始于南宋时期的"西湖十景"（苏堤春晓、断桥残雪等）赋予了西湖景色独特的感官记忆与文化价值。而西方学者马修·波泰格 (Matthew Potteiger) 和杰米·普灵顿 (Jamie Purinton) 也认为在公共景观、历史保护、遗产规划和可持续发展规划等领域充分合理地运用景观叙事手法可以赋予景观空间文化和历史的意义。因此景观叙事成了公共景观设计中传承地域文化、凸显地方特征、强调地方价值的常用方法。

在宏观层面，景观叙事可以通过清晰的叙事结构来组织与整理公共景观中的空间系统，如南头古城中在南北与东西向轴线上将不同时期的历史故事与文化融入设计中，通过两条历史轴线来讲述历史故事；或是像唐山皮影乐园一样，通过皮影文化的主题重新串联文化要素，将皮影贯穿于景观、建筑、小品、IP 及衍生产品各个系列之中，让景观从"景"的体验转向为体验和感受历史的"情感与记忆"。

在微观层面，每一棵树、每一块石头、每一块砖、每一个凳子与诸多景观要素，都是一个独立的叙事单元。通过再现、提炼、转译、象征等手法将文化要素融入景观小品、景观材料和细节之中，以各种方式将文化巧妙地蕴藏在景观中。例如在隋唐九州池景观改造中，根据考古依据复原遗址格局的同时还采取了隋唐样式的景墙、砖瓦手艺等来满足人们对于盛唐风貌的想象和憧憬。

3.3 推陈出新，营造现代景观

中国当代景观设计的核心问题在于既要文脉，也要创新。中国是一块古老而现代的土地，我们的现代景观既不能照搬过去，也不能照抄西方。我们面临的问题是怎样按着自己的文化传承，找到适宜的、好用的、自然而然的、同时具有地方风格与时代精神的现代公共景观。

推陈出新即需要在传承的基础上不断创新，对于旧事物取其精华，去其糟粕，形成新的文化，新的现代景观。在传承文脉的同时，我们还需要一些手段主动寻求"质的变化"。随着社会的不断演进发展，一部分经验积累将不再适用于当今社会。当代的新型技术工艺和创新材料需要通过技术融合的方式，根据具体情况实施，从而形成符合时代精神的卓越作品。

除了新技术工艺和创新材料之外，新的运营方式也值得关注。例如深圳的香蜜公园参考高线公园（High Line Park）的"高线之友"运营方式，设立了"公园之友"，成为深圳市首个公众参与公园建设的社会组织。公园之友是市民和政府管理部门的桥梁，可共同探讨公园后续利用问题，包括场馆租赁、婚礼堂与艺术馆的利用等。当我们为"隋唐洛阳九洲池"做景观提升设计时，项目的甲方洛阳历史文化

保护利用发展集团明确地提出这个园林是"洛阳晚八点"旅游策划的一部分，能够为城市的文化生活发挥更大的作用。

4 面向未来

中国的城市公共景观处在一个转折点上，需要景观从业者站在科学的角度重新审视现代景观行业，回到社会的语境，打通地域、文化、人本之间的关系。一个城市级的景观设计必须同时满足"生态优先、社区人本、现代多元、产业融合、地方风格、个性创新"这六项设计需求，因此设计团队一直坚持多元融合的设计策略，倡导可持续思想贯穿于设计、建造、管理的始终，坚持可持续发展、低能耗、高韧性，给景观一个更长远的尺度，而不是只注重视觉体验上的"景"与"观"。

景观是全社会的事，每个人都要为更好的城市景观负责。邯郸园博会提出的"生态、共享、创新、精彩"目标，承载着景观为每个人服务的理念，如果将中国风景园林的情感与诗意，以及对土地精神和文化归属感融入到城市公共景观中，那么在这个崭新的时代，我们的现代景观将会更加真实。

图1~图3 九洲池格局复原
图4 建筑布局鸟瞰
图5 南御道改造后
图6 东御道实景图
图7 南头古城南城门
图8 南头主街改造前后对比
图9 具有岭南特色的沿街立面及材料
图10 皮影主题乐园

李宝章
LI BAOZHANG

奥雅设计董事长兼首席设计师，旅行作家。兼任广东园林学会理事会理事，北京林业大学与西安建筑科技大学客座教授，深圳大学兼职教授等职务。一直专注于景观设计、规划与城市设计等领域的专业工作，有近25年的行业工作经验。

从锈带到秀带，工业遗产的重生
——激活城市的活力和韧性

From Rust Area to Show-time Area, the Reborn of Industrial Legacy: Activate Cities' Vitality and Resistance

摘要： 伦敦国王十字区位于伦敦市区北部，距中心区约4km。2008年，国王十字区启动城市更新项目，项目占地面积27hm²，建筑面积74.3万m²，更新了19座历史建筑，新建了1900套住房和31座建筑，增加了10个城市公园，开放空间也增加了10.5hm²，工作或居住人口在2023年预计达到42000人。目前，伦敦国王十字区是伦敦中心区最大的由开发商牵头的综合性项目，也是英国150年来最大的城市更新项目。

Abstract: London King's cross district is located in north part of London city, about 4km to the city center. In 2008 King's cross district renewal program was launched. The project occupies 27 hm², construction surface is 7.43x10⁵ m².19 historical architectures are renewed and 1900 units' residential houses and 31 facilities are built, 10 city gardens are added. Open area is added to 10.5 hm², the city habitants and workers is going to reach 42,000. At present, London King's cross district is the largest land development project and is the largest urban renewal project.

关键词： 伦敦国王十字区；城市更新；文化价值再生

Keywords: London King's cross district, City renewal, Reborn of cultural value

1 国王十字区的背景与历史

在18世纪末，伦敦国王十字区（图1）还是个郊区农村，到19世纪，随着运河的开通，它变成了运河北部的物流集散地，成为伦敦北部运输门户。在19世纪中期，圣潘克拉斯火车站建成，这个区域成为负责整个大伦敦区的物流集散中心，也是伦敦的重要工业中心。从1850年到1870年，国王十字区火车站和圣潘克拉斯火车站相继建成，并成为英国工业时代的重要建筑代表。

随着工业革命的完成，特别是第二次世界大战以后，伴随铁路与公路的衰败，交通环境堵塞，整个空间被铁轨分割，区域内很多建筑被废弃，失业率和犯罪率居高不下。到了20世纪70年代左右，国王十字区成为伦敦最著名的贫民窟，充斥着偷窃、吸毒、身体交易等黑色活动，整个区域从工业重地变成了一处城市"锈带"，破败衰落成了它新的代名词（图2、图3）。

伦敦政府曾多次想对这个区域进行更新，但是由于遭

图1

到市民的反对，方案一直未实施。两个契机的出现使这个区域有机会重获新生。第一个契机是"欧洲之星"的建立，英国第一条高速铁路选址于圣潘克拉斯站，原本要废弃的圣潘克拉斯站重获生机。第二个契机是2012年伦敦奥运会的举办，作为重要交通枢纽的国王十字区，对伦敦奥运会起到非常重要的作用。最终，这两个契机共同促使了英国政府和伦敦政府对整个区域进行大规模的城市更新。

2 国王十字区的城市更新经验

奥雅纳集团不仅负责整个片区的总体规划和专项规划，同时也是整个区域业主方的总顾问。依据当初的城市规划，国王十字区的改造工作从2008年开始，到2020年全部完工，但由于受到疫情影响，这个目标至今仍未达成。国王十字区项目基于五大更新维度，设计了全面系统的更新方式。

2.1 交通组织与立体化连接

作为城市更新项目和TOD导向的城市发展经典案例，国王十字区的再生得益于高铁的发展，作为交通枢纽，进行了很多改造工作。2007年，圣潘克拉斯站进行了完整的维修和改造。2012年，国王十字火车站改造完工，与圣潘克拉斯站进行了地下和地面空间的连接工作，车站也进行了一些大幅度开放空间的布局（图4、图5）。在交通方面，强化了南北向的交通廊道，改善了道路节点，并增加了很多人行道与公共空间。

2.2 土地混合利用推进多元化发展

国王十字区的土地混合利用做到了极致，整个区域约74.3万 m^2，其中办公面积占56%，居住面积占24%，11%则用于商业面积和其他使用面积。当地喜欢分区控制管理，但在实际中发现，这会造成住宅和产业、住宅和工业、商业和活动空间等隔离。该区域更新后，增加了一些社区中心、学校、休闲广场和照顾弱势群体的社区级服务机构。在竖向用地方面，该区域增加了一些混合功能建筑，如一楼是商业，二楼是办公或者住宅，功能的混合促进了整个区域的有机融合。

2.3 历史建筑更新和环境激活

在国王十字区100多年的历史里，有将近30多座历史建筑物，但是项目中只对其中19座进行改造，这是一个合理的保护和利用，有些东西会被维护，有些东西会被废弃。

当然这种做法在当时引起了很大的争议，也带来了很多压力，但还是推进了。

改造后的国王十字区和改造前对比，它的建筑风貌基本没有改变，只是色彩方面采用了米黄色基调，同时对屋顶进行了更现代化的结构加固。

谷仓建筑群（图6）改造成为教育文化设施、休闲餐饮和中央开放空间，谷仓广场（图7）后来成为中央圣马丁学院和运河边上的休闲广场，煤炭装卸区被打造成场地内唯一的大型纯商业街（图8、图9），它是把两个完全独立的建筑连接起来，变成一个纯粹的商业休闲综合体。原来装一些易碎物品的仓储库房改造成了精品超市。

1864年建造的德国体育馆对英格兰的体育发展起到至关重要的历史作用，它是一个非常有纪念意义与标志性的建筑，在后面的改造工作中，德国体育馆保留了它原有的空间

结构，成为一个特色餐厅。

2.4 公共空间串联和服务环境修补

公共空间的串联和服务环境的修补，体现了一个城市的魅力与价值。国王十字区构建了3类公共空间，即维和式的、路径式的和集中式的。在更新过程中，设计与公共活动空间高度联动，如谷仓广场、国王大道和北部区域，把很多商业活动缜密地结合起来，打造出活力商业界面，并以此有序地激活了整个区域。

2.5 有序开发运营激活区域经济发展

该区域首先导入了中央圣马丁学院，营造艺术时尚氛围，然后再吸引像 Google、Facebook 这样的龙头企业进驻，最终聚集形成了科技和文化共存的产业业态。它全时段地营造了很多公共事件与活动，实践证明，这种活动对区域的商业文化、业态、公共空间和片区活力有很大影响，持续

图8

引爆了片区人气和文化活力。

3 国王十字区改造后成为全球网红打卡地

经改造后的伦敦国王十字区形成了一个真正的文化区，这种文化魅力给整个区域注入活力，同时也带来了多元化与高层次的庞大人流，它不是一个工业园区，更不仅仅是一个社区改造，而是一个产业社区与活力社区并存的综合性打造产物，是伦敦新崛起的高端产业集合与时尚消费高地。从地产角度来讲，它的租金和房价持续走高，超越了传统的中央商务区，这在其他城市更新里很难看到。

值得注意的是，它不是由政府主导的，而是由英国地产商 Argent 牵头主导的，这种模式始终保持以地产开发为主，以商业追求为目的，当然文化价值的再生、社会的公平公正在整个区域也体现得非常好，这也使伦敦国王十字区项目最终成了全球网红打卡地的世界级项目（图 10）。

图10

图1 伦敦国王十字区项目鸟瞰图
图2、图3 改造前的国王十字区：破败衰落的城市工业重地
图4、图5 重建后的国王十字车站
图6 谷仓建筑群改造后
图7 改造后的谷仓广场
图8、图9 改造后的煤炭装卸区
图10 举办各种重大演出活动

张祺
ZHANG QI

英国奥雅纳集团董事，城市创新中心总经理。

审美引导
也是园林人的使命与责任

Aesthetic Guidance is Also the Mission and Responsibility of Landscape Designers

摘要： 风景园林如今处在一个好的时代，但在实际运行中，由于受认知的局限，出现了很多问题。风景园林是专门研究人类生活境域与营造优美人居环境的学科，其有效服务人类生活的基本任务和增值目标是一项系统工程，来自对每一个环节的科学认知与审美共识。引导认知，是每一个风景园林人的义务与责任。

Abstract: Landscape architecture is now in a good era, but in practice, due to knowledge limitations, many problems have appeared. Landscape architecture is a subject that specializes in the study of human life and the creation of a beautiful living environment. The basic task and value-added goal of effectively serving human life is system engineering, which comes from scientific cognition and aesthetic mutual understanding in every aspect. Aesthetic guidance is also the mission and responsibility of landscape designers.

关键词： 风景园林；园林艺术；生态平衡

Keywords: Landscape architecture, Landscape art, Eco balance

科学发展、生态文明、自然和谐已经是中国可持续发展的基本策略，对"优美生态环境"和"美好生活"的追求成为当今社会发展的主题。风景园林学科以协调人与自然的关系为根本使命，以保护资源和营造高品质的生活空间为基本任务与时代责任。

1 风景园林是人们追求美好生活的理想空间

1.1 风景园林是研究人类生活境域的学科

风景园林是人们欣赏自然艺术与历史文化的游憩空间，是处理人与自然环境的关系，以满足人们对美好生活及优美生态环境的追求而进行的资源保护、艺术营造与目标管理的活动。

风景名胜区的管理目标是将那些具有独特景观风貌的自然、文化遗产资源完整地传承给后代。

风景名胜区是国家自然与文化遗产精华资源相对集中的审美游赏空间，具有遗产的性质。风景名胜资源的价值来源于人对景观的审美认知，因为自然文化遗产的独特性与人的审美情结的交集，风景名胜资源才被赋予了文化内涵与情感寄托。因为人的喜爱，才有从这个空间获得审美感受与探索知识的精神需求。

图1

风景名胜也承载了人们精神追求的理想境域，具有一定的文化属性。无论是天工铸就的自然奇观，还是人类智慧的史迹遗存，能够成为被人们所赞叹、传颂、审美、研究的风景名胜资源，皆是文化使然。

发展到今天，出现了城市园林绿化，它是建立在生态学原理基础上的以植物材料为基础的艺术营造，是城市唯一有生命的重要基础设施，是城市空间形态的构成要素和直接影响居民工作生活舒适度、城市景观风貌特色和生态环境质量的要素，其审美认知在于园林绿化与城市相关联的生态性、文化性与服务性。

1.2 风景园林审美是一个文化现象

城市美不美，很大程度上取决于城市绿地，这个绿地主要指城市里人为营造的绿地空间。城市绿地空间给城市带来舒适的景观和风貌特色。人们去公园绿地，主要是为了亲近自然、游赏休憩与释放心情（图1）。

风景园林审美是一个文化现象。在一定地域范围和历史条件下审美认知被人们广泛接受，形成审美共识，值得传承，并有传承的条件、载体，且得以传承，最后形成文化。风景园林审美是人们对生活境域及美好生活环境追求的文明进程中的文化现象。

不同地域和文化背景的社会群体对审美认知的共识是不一样的。审美认知的差异形成了文化的差异，而文化没有高低、优劣，只是不同而已。

古典园林从私家园林开始发展，产生于人们对自然的眷恋，并逐渐形成人们对自然艺术的文化共识。人们为了生活的舒适与情趣而将自然意趣引进生活空间，供人们游憩。

20年前人们会把西方的园艺美引入到城市中的园林绿化，在当时的地域环境和文化背景下，它就是美的。

皇家认为天下之大，莫非王土，皇家工匠梳理山水园林的环境，把一些构筑和建筑融入园林里面，成为皇家的游赏之地。

江南私家园林多数为辞官退隐、家境殷实人家的宅院，这种园林不是给外人看的，是宅院主人自己享用的。所以多在宅院内的院落里，将自然的艺术引入生活空间，营造园林。宅院园林还有另外一种形式，即商贾园林，那是为来客而作，是宅院主人显示身份、财富的园林营造（图3）。

私家园林的任务是把自然意趣艺术地引入生活空间，公园也有相同的目的，通过园林规划者、设计者、建造者、管理者的共同努力，把园林艺术延伸到公共空间（图4）。

1.3 风景园林重要的游憩功能体现于审美价值

风景园林对人的生存空间的社会贡献体现于建立在生态科学基础上的人与自然和谐的审美价值，这个审美价值在于审美主体对生存环境的舒适感受、对景观意趣的审美感受，在于人们可以获取的文化认知。

园林学是研究如何合理运用自然因素（特别是生态因素）、社会因素来创造优美的、生态平衡的人类生活境域的学科。园林绿化的自然属性应当是满足改善城市生态环境质量的需要，保持与维护城市山水格局，形成相对稳定的绿地系统，在城市生态环境要素中发挥其生态效应。

园林绿化的社会属性应当满足人们对美好生活环境的需求，以人的感受与生存质量为准则而存在，反映了人们对生存环境质量与审美情趣的追求，具有良好的社会效应。不过在实际工作中，对园林绿化的自然属性、社会属性的认知会有所偏颇。然而，自然属性和社会属性其实相互并存，相辅相成，认知恰当，能够使我们的建设与管理目标发挥最好的功效。

在当前的历史发展条件下，园林绿化的使命与责任是为人类生活境域提供资源完好、生态优良、景观优美、特色显著、功能稳定、品质优越的"优美生态空间"。

2 审美取向决定了风景园林的艺术品质与服务效益

2.1 审美主体差异影响审美判断

审美主体（创作者、欣赏者、评论者、管理者等）由于专业背景、文化背景或知识结构的差异，面对同一审美对象时，会做出不同的审美判断。作品是作者审美取向和审美能力的标签。风景园林专业人士作为"优美生态环境"与"美好生活环境"的营造者，其审美价值取向与审美引导，往往是影响社会审美认知或审美判断的重要因素。

2.2 审美认知的混乱，容易造成公共资源的浪费或价值受损

由于受到社会进程与管理变革的复杂性影响，风景园林的审美认知会出现一些乱象。

例如，雨水花园是利用绿地地形汇聚雨水而构建的与水有关的绿地空间（图5）。其形式有雨水花园、雨水花境、雨水花溪。这原本是园林绿化收集雨水，循环利用于绿地的惯常做法。可是，这个做法在最近2年出现了既不科学也无美感的营造方式，归根结底是缺乏良好的科学态度与审美认知，认知出现偏差，违背自然规律，盲目地模仿套用西方某些形式。

2.3 生态文明是风景园林的理想境界

中国风景园林受传统文化的影响，在审美格调上已经达到生态文明的高度。受中国传统文化"天人合一"的影响，中国园林的基本法则是师法自然、融于自然、顺应自然、表现自然。风景园林的审美情结源于对自然的眷恋、欣赏及艺术认知，尊崇或追求的目标是人与自然的和谐。所以无论是古代的宅院园林、皇家苑囿，还是现当代公共空间的园林绿化，都是将山水植物等自然元素艺术地引进人们的生活、游憩空间的营造活动。

目前，国家出台的一系列园林城市评价体系为其建设与管理提供了执行依据。但是，在现实生活中依旧存在缺乏引导的问题。许多令人遗憾的建设活动，多数是认知偏差造成的。

3 风景园林是体现文明进步与文化追求的艺术呈现

风景园林是基于科学原理，且满足人们审美需求的艺术呈现。

登泰山是膜拜，体会"一览众山小"的豪情（图2）。

爬黄山是浪漫，想像李白那样的道骨仙风。

游太湖是情调，烟波浩渺，吴越文化，湖甸烟雨，田园风光（图6）。

图2

风景园林也是利用公共资源为公众服务的艺术作品。风景园林人有责任把为公众服务的艺术品做好，并且将审美认知传递下去。还要坚持节约资源、顺应环境、保护成果，追求资源利用效益最大化。

风景园林作品的审美价值应当符合文化共识，重视文化传承，重视使用者感受，有效服务公众是景观营造与维护管理的基本原则。

风景园林人具有审美引导的义务与责任。风景园林专业人士，首先是审美主体，作为风景园林的研究者、营造者、保护者、管理者，应当能够正确地认识或表达风景园林的本质与审美价值，应当是具有科学思维的艺术家。因此，引导审美，也是风景园林人义不容辞的责任与使命。

4 引导审美，形成共识，促进风景园林健康发展

提高认识，引导审美认知是成果保护与管理延伸的必要行动。风景园林人应加强专业修养，提高自身审美能力与专业表现能力，为社会提供高品质的风景园林作品，并将其贯穿规划、建设、养护与管理全过程。

此外，风景园林人应履行专业工作者的责任，坚持科学的营造理念，不放弃交流机会，正确表达专业观点，引导端正审美取向。不放过任何一个可以表达正确理念的环节，包括：方案研讨、论证咨询、许可审查、行政决策、学术交流、施工监理、养护管理、环境整治等。利用并用好新媒体，推广科普风景园林，积极表达专业意见，形成崇尚自然、资源节约、生态文明、科学进步、服务共享、文化传承的审美共识，推进风景园林事业健康发展。

最后，还要追求效益最大化。风景园林属于公共艺术品，应当针对资源主体特征与服务目标进行保护、规划、建设和管理，树立资源科学利用的价值观，向社会提供效益最大化的优美生态产品。

希望每一株植物，以它最佳的姿态、最大的效应存在于景观空间中。

图1 公园绿地
图2 泰山
图3 南京玄武湖盆景园
图4 苏州将传统园林的艺术延伸到街旁巷尾
图5 雨水花园
图6 太湖 梅梁湖中渚晨雾

张晓鸣
ZHANG XIAOMING

江苏省住房和城乡建设厅风景园林处原调研员，江苏省土木建筑学会理事会理事及风景园林专业委员会常务副主任。

城市景观的基础设施
打造疗愈性城市

Basic Infrastructure Design in City Landscape Creates Healing Environment

摘要： 我们生活在这个时代，需要更了解自然环境、食物和城市给人们生活和健康福祉带来的影响。今年又值一个特殊时期，它带给我们一个新的生活常态。如何适应这个新常态，如何持续提升人们的生活质量是很重要的。但是过去几十年的城市发展，似乎都忘记了人们生活质量的需求或者是城市设计的宗旨，我们希望能以景观设计的手法，打造出更多城市内的疗愈性公共设施。

Abstract: Nowadays we need to understand more about the natural environment, food and health impact from choosing the location. This year we go through a special period which brings us a new life style. It is proved to be more important to understand the way how to adapt this life style and how it can improve our life in the future. Unfortunately, we forget life quality or the meaning of city design. We hope to use landscape idea to build more healing-mode public facility.

关键词： 泰国曼谷；景观设计；城市疗愈性；经济发展

Keywords: Bangkok of Thailand, Landscape design, Urban healing, Economic development

1 过去和现在的城市肌理及生活方式

对比过去的城市和现在的城市后，我们可以获得一些启发。在旧有的土地上我们看见了很多的自然元素，尽管绿色范围不是特别大。现在的城市密度高，我们希望让人们的生活更加幸福，这就需要让城市变得流动起来。在泰国曼谷，很多人依河而居，河道的生态形成了他们生活的主要场景，过去如此，现在也是如此。河道构成了人们的生活方式，也是一个主要的公共空间，它其实跟某些城市绿地或者公园、花园一样。为了增强人们的幸福感，我们需要对人们有更多的关心，对其生活有更多的考量。

图1

对于普通的民众来说，他们对城市发展的一大关切就是各式各样的建筑或者是建成体，但绿色空间也是城市发展中应该考虑的。作为景观设计师，有的时候我们要打造区域，而非地方。空间和场所是有区别的（图2），如何将空间打造成一个有归属感的区域，方法之一就是让大家有参与感。如果我们忘记了生活的福祉，实际上体现了一种不平等的社会现象，我们没有考虑到人们的归属感和生活质量。大家如果感觉到不平等，在这个地方就不会有归属感。我们现在发展城市的时候，可能没有考虑到人们的福祉，而打造了一种互相排斥的体系，大家只生活在自己的区域当中。随着时间的变化，人们也逐渐地习惯生活在这种互相排斥而影响人们福祉的环境中。所以说，我们能够创造什么，能够带来什么改变？景观设计是一种方法，它可以帮助我们对城市的环境做出改变，降低城市化过程中的负面影响，让人们更融入大环境。

2 以景观手法促进城市健康福祉

打造人们可以享受的空间，促进民众和城市的健康，这是非常重要的。我们可以看到景观的设置，无论对身体还是对心灵都会有所影响。在这样的环境中，大家可以交流、进行社交活动，感受融入这个社会中的感觉。我们要打造一个空间，在这个空间中，大家能有强烈的归属感。下面针对上述问题分享 10 个项目。

首先是景观装置艺术（图3），如何在受到污染的环境当中维持更高质量的生活。我们打造了一个类似公园的微气候空间，在这样的装置中，大家可以远离空气的污染。实际使用的工具是非常简单的，以多材料的整合进行空气过滤，而在内部有一些冷却系统。大家从外部炎热和污染的空气中，进入到我们的装置，可以感觉到湿润和舒服的环境。在晚上，我们会把灯光打亮，营造另一种氛围，让大家享受在这个环境中的美好（图4、图5）。

城市的进化延伸出另一个问题——食品安全问题，由于城市并没有足够的空间生产粮食和食品，有时候需要依赖农村地区的供给。因此，我们在城市中寻找了一块土地打造城市农场，给社区的人们提供食品（图6），现在它也是公共的区域。在这个农场里，大家可以慢跑或进行其他活动。如今，这块在曼谷城市的空地已经变成了城市农场，生产各种各样的食物。我们种植不同的作物进行实验研究，让土地变得多产、肥沃，采取的是一种长期的可持续的方式。

3 城市废弃区域的改造计划

人们越来越关注自己的健康，希望能有更多的时间在城市中进行锻炼，保持健康的状态。但是，我们在城市中并没有找到足够的空间。城市在不断地扩张，而我们能做的则是以景观设计的手法，让城市的不同角落都有一个公共区域。大家可以享受生活，进行艺术创作，充分地享受快乐的时光。于是我们改变一些废弃的区域，使其能够被充分地利用，并进行各种活动。这个是非常简单的解决方案，但是会产生深远的影响。我们邀请了住在周边社区的人一同参与到设计过程中，同时，这些废弃区域在未来也会发挥多种多样的作用。我们也在思考如何把城市打造成适宜行走的空间，在城市开发发展的过程中通常会更关注汽车及公共交通。与此同时，我们开始看到一些基础建设的角落，比如车站、运河边以及河道边等空间，都可以作出调整和更新。我们把它们打造成更好的公共空间，为城市提供绿色的连接纽带，供人们使用。

这个改造计划是非常契合绿色城市家园发展政策的，通过更为绿色健康的人行道和基础设施，把不同的区域联系起来，形成新的公共区域。人们在这些绿带中散步可以享受周围的怡人环境（图7）。

4 以景观设计促进当地经济发展

我们想证明景观设计能够促进当地的经济发展，并可以协助政府改善该街区的经济。这个区域有很多历史文化遗产，同时也有很多办公大楼，建设了很多区域性公共设施。我们希望这个社区能够意识到他们拥有的历史遗产和文化，因此，我们将办公区域和当地的文化联系起来，在吸引外部游客来参观的同时，也激发了当地人们对文化的保护意识。我们从基层做起，让人们更了解他们自己的文化。同时，我们又从高层来引导并制定相应的政策，把城市发展和历史文化结合起来。我们采取了一些竞赛的方式，让大家参与其中，感受城市的活力。我们还组织大家进入到我们打造的一些微型公园和被改造再生的废弃建筑物中。通过这些项目的设置，这个地方现在已经成了新的地标。我们每年都提出引入新的规划，并切实带动了当地的经济发展，提供给人们更好的设施，让政府和当地群众有了更多的良好沟通。

5 以景观手法应对气候变迁

在曼谷我们还面临着气候变化的影响，比如洪水。我们需要采取措施来应对此现象。政府已经开始对一些土地进行开发，形成雨水收集的池塘，同时使人们更了解生态系统，帮助人们了解在曼谷的自然环境下如何更好地进行雨水收集利用。自然和人类活动是可以共存的，在这个过程中，人们更理解了自然对人类生活的重要影响。

6 打造公共空间提升城市疗愈性

公共空间可以让人们更加快乐、幸福，这是我们在项目的推进过程中发现的。在这个曼谷郊区的社区公园项目中，我们希望在这片新建成的公共空间里开展各种活动，从而促进整个社区的密切联结。在项目设计过程中，我们种植了很多植物，也让当地人们参与到涂鸦创作中，希望人们能够了解自然，且能够便捷地开展各种文娱活动。

现在居民们都非常喜欢来这个公园，并且这个空间成了改善他们生活的一个重要标志。设计师从始至终都将社区活动和社区交流放在核心，这也成了激发他们进行设计创作的主要动力。

在曼谷，抑或是其他城市，都有很多空地和建成物，这些建成物会消耗很多能源，而公共空间的设计可以将空间利用效率最大化。这个项目中，我们引入了太阳能装置，在专业技术人员的指导下，我们设计了很多太阳能板，安装在城市基础设施上。太阳能发出来的电可以给手机充电，可以照明，还可以给电动车进行充电。我们相信也希望，在未来这些电和能源可以提供商用。

7 老年社区的疗愈性设计

在社区公共空间的设计中，我们认为设计可以让老龄社区更适应现代化的节奏。在设计高度老龄化社区时，大自然的疗愈性是一个不可或缺的因素。大自然可以帮助老年人减缓病痛，甚至还可以促进他们更快康复。因此，我们设计了有不同活动场所的绿色空间（图8）。为了满足人们对新兴空间的设计预期，我们尽可能地将自然最大化（图1）。

我们相信景观设计可以发挥重要的作用，提升人们的幸福感。当然，我们也面临诸多挑战。比如如何进行不同项目的设计，让它更加符合当地的特征，同时还可以有助于解决城市问题，例如空气污染、水污染等。我们希望，景观设计成为人们提升幸福感的一个重要方案。

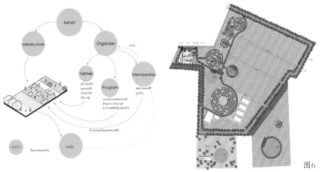

图1 自然的居住区
图2 空间和场所的区别
图3 景观装置艺术
图4 艺术装置内部
图5 艺术装置夜间灯光效果
图6 城市农场概念和平面图
图7 公园使用现况
图8 老龄人口居住区

尤萨鹏·汶颂
YOSSAPON BOONSOM

泰国SHMA 设计总监。

建设有风景的城市
——推进绿色空间拓展的实践(以邢台为例)

Building a City with Scenery: the Practice of Promoting Green Space Development（Taking Xingtai as An Exampe）

摘要： 本文首先梳理了河北省推进公园绿地化的发展进程，从整体看河北省公园建设步伐有了很大的迈进，园林建设水平已经进入全国先进行列。然后，以邢台市为案例分析了该市践行公园城市的发展之路，涉及制度规划、绿地拓展、拆违增绿、生态修复等各个方面。最后总结了城市风景园林建设的相关经验。

Abstract: This paper reviews the development process of park greening in Hebei Province. From the overall point of view, the pace of park construction in Hebei Province has made great strides forward, and the level of garden construction has entered the national advanced ranks. Then it introduces the development road of Xingtai practice Park City, involving system planning, green space expansion, breaking down illegal green, ecological restoration and other aspects. Finally, the experience of urban landscape architecture construction is shared.

关键词： 公园绿地；公园城市；绿色空间

Keywords: Park Green Space, Park City, Green space

1 河北省推进公园绿地的发展进程
1.1 公园建设步伐飞速迈进

从整体看，河北省公园建设步伐有了很大的迈进，园林城市创建也取得了非常显著的成效，各项绿地指标增长非常明显，园林建设水平就目前而言，已经进入全国先进行列。河北省公园城市化进程也在有条不紊地往前推进。

从公园城市建设的历史看，1980 年河北省城市中的公园非常少，发展到 1990 年，全省公园共 69 个，到了 2018 年，数量达到 1639 个。这 1639 个是真正的公园，不包括一些街头游园。过去河北的县城几乎没有公园，如今河北所有的县城都实现了公园全覆盖。到 2018 年底，河北省公园面积已达到了 398.78km²。

1.2 园林城市创建取得显著成效

国家园林城市的创建取得了非常大的成效，1998 年建

图1

设部部署了这项创建工作，1999年秦皇岛市获得河北省第一个园林城市称号。2018年河北省建成国家级园林城市比例达到86%左右，由此，河北省的国家级园林城市比例在全国迈入了先进行列。

1.3 绿地指标增长明显

河北省绿地指标总量增加得也很快，1980年园林绿地的总面积是28.775km²，像避暑山庄这样的古典皇家园林（5km²）在其中占很大分量。到2018年，河北省园林绿地总面积增加到1467.57km²，是1980年的51倍。

从1980年到2018年，河北省人均园林绿地面积从3.37m²增加到19.42m²，增加了4.76倍。与此同时，由于城市化进程的快速发展，每年新增的绿地会被新增的人口拉低平均数，因而要增加人均绿地，难度是巨大的。

1.4 园林建设水平迈入全国先进行列

此外，河北省积极参加世园会以及住房和城乡建设部主办的国际园林博览会等活动，获得了比较好的成绩，比如雪香书院获得西安世园会金奖（图2），燕赵紫翠园获得昆明世博会大奖（图3）。同时这些活动也为河北打开了一个窗口，能够了解外面的世界，和兄弟城市交流，其中和北京、天津等交流较为频繁，尤其是近年来，成立了京津冀协同机构。

现在有越来越多的人关注河北，有越来越多的专家，包括规划设计、教学、管理等领域的专家，为河北发展出主意，这也是河北发展变化的一个动力。

1.5 公园城市建设，河北在行动

探究公园城市理念的意义，邢台市近几年取得的成就尤为瞩目。首先是制度创先，将公园城市理念写进法规，贯彻执行。其次是规划创先，聘请风景园林顶尖团队，编制规划，为城市生态建设出谋划策。最后是行动创先，2018年公园绿地建设全省第一，走入全国前列；高水平承办河北省第三届园林博览会，为中国园林溯源，打造传世之作。

2 邢台市践行公园城市发展之路

邢台市底蕴深厚，黄河历史上数次决堤改道，据《尚书·禹贡》记载，黄河最早改道在孟津以下，向北流入今邢台，流经巨鹿以北的古大陆泽入海。人们称这条黄河河道为"禹河"。邢台地区的深厚文化、淳朴民风、肥沃大地，与古黄

河具有千丝万缕的联系。

邢台曾是古典园林发源之地。"沙丘苑台"是商纣王在今邢台市广宗县境内修建，是我国古典园林的最初形式，是有文字记载的中国历史上第一座贵族园林，遗址尚存。邢台市有很多泉水，因而又名泉城，包括几大泉群和成片的泉眼，其中有部分泉相当有名，生态底蕴相当丰厚。

邢台是太行山最绿的地方（图4）。《河北省境内太行山地区生态状况分析报告》指出：归一化植被指数均值和植被覆盖度均值，邢台市均位列全省第一。早在1995年，前南峪景区荣获联合国环境规划署环境保护全球500佳提名奖，有"太行山最绿的地方"之美誉。

作为国家园林城市，邢台是京津冀南部的生态环境支撑区，同时也是河北省生态安全格局的重要组成。将来，京津冀建设世界级城市群，位于城市发展主轴的邢台如何找到自

己的历史性地位呢？如何抓住机遇拓展其在全省、全国乃至全球的影响力呢？这是值得思考的问题。

2.1 规划制度、超前建立

想要把绿地建设好，首先要有规划的引领，要有制度的保证，要编制成体系的高水准的规划。任何一个城市要往前推进，没有高标准的规划体系，是很困难的。具体到邢台这座城市，涉及绿地系统规划，风景水系规划，河道整治规划，河道的城市设计，城市道路沿线设计，城市出入口等城市设计，也包括像城市与公共艺术有关的雕塑规划等，还包括城市里的一些薄弱点，如疤痕整治规划。直到这套规划体系编制完成，绿地建设才能一步一步往前推进。

2005 年，邢台聘请了中国城市建设研究院，编制《邢台市绿地系统规划》，谋划邢台市蓝绿空间，塑造"两河绕三山，六水润八园"生态格局，确定人均公园绿地面积不小于 12m²。2007 年开始编制《城市风景水系规划》，超前谋划蓝绿交融的生态大格局。规划后人均水面面积达到 18.97m²，城市水面比率 6.48%，跻身国内二类城市。2017 年新版绿地系统规划，构建"两河六水一环、双核双纵双横、五区多带多园"绿地系统布局，更是将人均公园绿地面积提高到 15m²。此外，还规划了三层水空间：第一层是外围水系，包含西部山区水库、东部平原陆泽、中心城区外的白马河、七里河、大沙河；第二层是环城水系，包含南水北调干渠、白马河、东环城水系和七里河；第三层是城区

水系，包含市区内的牛尾河、茶棚沟、小黄河和围寨河。

除此之外，邢台市还确定了一些法定性内容，比如建设用地为社会公众提供开放空间的，在符合日照、消防、卫生、交通等有关规定的前提下，可按规定增加建筑面积，但增加的建筑面积总计不得超过核定建筑面积（建设用地面积乘以核定容积率）的 20%。城市道路交叉口的新建建筑，应退让道路交叉口并留出一定的开放空间。明确规定出不同建筑退让道路绿线的距离。项目的绿地应结合场地雨水规划进行设计，可根据需要因地制宜采用兼有调蓄、净化、转输功能的绿地。小游园、小广场等应满足透水要求。鼓励建设屋顶花园、中庭等共享空间，提倡住宅建筑首层建设开放式共享空间。地下建筑物（构筑物）顶板覆土厚度不宜小于 2.5m，特殊情况可适度减小，最小不得小于 1.5m。

2.2 开敞空间、提前预留

2005 年 3 月，邢台市第一次在规划条件中，提出道路交叉口一个角预留开敞空间（1/4 法则），至今已全面向 4/4 法则转变，累计对 260 个道路交叉口提出了开敞空间要求，并逐步建设实施。

除了道路十字路口的做法外，还在一些大型的河道两侧预留了空间，提前保留绿色开敞空间。

2.3 城市道路、绿地拓展

道路两侧绿线划定严格执行：主干路单侧原则控制 10~40m、次干路单侧原则控制 10~15m、支路单侧控制

3~8m，并鼓励双排树种植。道路绿线的设置，增加了城市的视野，为道路两侧设置慢行系统、道路后期拓宽留有余地（图5）。优化道路断面，逐步扩宽道路中央分隔带。部分道路中央分隔带由原来的3~5m，逐步提高到6~10m，如泉北大街东延、振兴一路改造等。最宽处达到了30m（中兴大街东段），逐步形成植物群落，改善局部小气候。

2.4 公园绿地、遍地开花

2017年以来，邢台市市区累计建设各类游园87个。截至目前，市区大型公园12个，各类游园155个，大型广场6个，总面积约4.24km²，城市公园体系正在形成。其中达活泉公园（图6），是邢台市的名片，占地约0.67km²，是省级五星公园，河北省最大的室内公园。此外，还有新建的邢州湖公园，集自然景观、体育活动与生态健身于一体的体育公园，集历史文化展示、主题教育、休闲健身为一体的历史文化公园，滨水公园等。

笔者认为公园体系的概念体现在面积和规模上。一是要有一些骨干公园支撑城市的公园体系，骨干公园的位置要精心挑选。二是小型的公园要分布到城区的各个角落里，方便居民使用的公园可以修建更多。

2.5 居住绿地、提高指标

《城市居住区规划设计规范（GB 50180—93）》（2002年版）要求：居住区绿地率新区建设不应低于30%；旧区改建不宜低于25%。而邢台市在2006年，就将绿地率明确提高到新区建设不应低于35%；旧区改建不宜低于30%。在此要求下，涌现出一批精品项目。

2.6 蓝绿交织、硕果累累

2006年至今，七里河整治，已完成市区段24.5km河道及14.5m²流域面积整治，新增水面760万m²，新增绿地面积1150万m²，荣获了第十五批国家级水利风景区、中国人居范例奖和全国群众体育运动基地等三项国家级荣誉。七里河健身步道、体育公园、智跑游乐园，已成为邢台乃至冀南地区耳熟能详的运动休闲场所（图7）。

东环城水系建设。东环城水系建设工程包括河道新建和改造、生态护岸工程、滨河步道、生态岛、周边景观绿地、城市道路跨河桥、公共服务设施等，全长12.6km，估算总投资4.81亿元。

市区"四河"治理。邢台市4条市区内河道，包括牛尾河、茶棚沟、小黄河和围寨河，截至目前，已完成综合治

图12

理 24.8km，景观提升总面积 33.5 m²，目前已沿河拓展游园 14 处（图 8 ~ 图 11）。

2.7 拆违增绿、成效显著

2017 年以来，邢台市区内拆违面积达到 1496 万 m²，连续两年全省第一。拆后空地全部用于绿地和道路建设，累计对市区 7 个重要路口进行渠化改造，8 条主要道路进行了拓宽处理，打通断头路 47 条，新建游园及湖面公园 87 处，初步实现了"城市修补"的目标。

2.8 生态修复、成绩斐然

大沙河、襄湖岛采砂区生态修复。秉承中央"五位一体"总体布局，以"邢郡之舟，绿色启航"为规划理念，2019 年由杭州园林设计院有限公司与邢台市规划设计研究院联合，对市区南部襄湖岛采砂区进行生态修复（图 12）。

采煤塌陷区建设城市战略性绿地空间——中央生态公园修复。中央生态公园属于邢东煤矿形成的塌陷区，20km²

的生态建设，足以引燃整个城市战略性绿地空间。中央生态公园的起步区，由苏州园林设计院领衔编制，占地面积约 3.07km²，水面面积约 1.07km²，规划定位为太行名郡、园林生活，规划目标为世界眼光、全国一流、溯源之旅、传世之作。之后，该项目继续推进，设计了运动公园、植物园、郭守敬纪念馆（图 1），还进行了北高速口改造工作，包括拆除道路沿线建筑，扩大景观腹地，创造舒朗大气的植物空间，形成连续整体的景观风貌。

最后，关于公园城市的建设，笔者有以下几点经验分享。第一，要有超前的眼光和强力的制度保证，用制度管人，用制度管事。第二，要有一个总体规划，把战略理念承载下来，推进下去。第三，把总体规划形成的战略理念一步步落到实处，做专项规划，以框定城市山水格局。最后，要通过路口、游园、居住区、道路、河道、城市修补和生态修复等措施，共同构建城乡一体的风景游憩体系。

图 1 郭守敬纪念馆
图 2 雪香书院
图 3 燕赵紫翠园
图 4 太行山
图 5 道路绿线
图 6 达活泉公园
图 7 七里河
图 8 ~ 图 11 四河治理
图 12 大沙河、襄湖岛

郑占峰
ZHENG ZHANFENG

中国风景园林学会规划设计分会副理事长，北京林业大学客座教授，邯郸市政府智库专家。

园林城市视角下道路与街道的可能性

The Possibilities of Roads and Streets in A Garden City Perspective

摘要： 作为城市公共空间的重要类型之一，街道空间关乎城市居民的生活品质以及城市存量更新。由此，本文首先对道路与街道的概念进行界定，并从道路格局和交通节点空间两方面入手，结合国外优秀案例以及相关研究课题，探讨以街道乐活为目标的空间优化设计方法，从而更好地满足公众的生活和游憩需求，进而提升城市活力，最后总结各类型街道空间在城市建设与规划中的重要性。

Abstract: As the core component of urban public space, street space is related to the quality of life of urban residents and the promotion of urban stock renewal. Therefore, this paper introduces the definition of streets and roads; starts from the two aspects of road pattern and traffic node space, combines excellent foreign cases and the author's research topics, respectively studies and discusses the street design method with the goal of street liveliness, in order to better meet the living and recreational needs of citizens, and thus enhance the vitality of the city; finally summarizes and emphasizes the significance of various types of street space in urban construction and planning.

关键词： 园林城市；道路；街道空间；优化设计

Keywords: Garden city, Road, Street space, Optimal design

从 1992 年"园林城市"的概念第一次被提出，到 2016 年第一批国家生态园林城市公示，我国的城市生态文明建设不断取得新成果，"园林城市"也随着时代变迁和社会发展有了新内涵，其要求已逐渐从绿化量和特色的建设提高到结构与功能的综合要求上，也就是绿化建设和人的审美相结合所构建的城市。而街道是市民日常使用最频繁的城市公共空间类型之一，会对市民的日常生活和身心健康产生潜移默化的影响。国外城市街道经历了共享街道、效率至上、视觉引导等阶段，以交通为主导的街道设计理念正逐步被"以生活为主导"的理念所替代，并逐步回归

慢行交通；国内一直以来对街道的关注通常集中在城市规划以及交通运输领域，且街道往往被视为城市交通系统的附属，因此在一定程度上导致了街道空间视觉环境不佳、空间活力不足等问题。

道路指的是供行人通行以及交通运输的通道，而街道则指在城市中大部分区域或者整个路径两侧由建筑物围合并设有各类公共服务设施和人行道的路径。街道更强调日常公共活动的开展，是城市活力的重要来源。而当前以速度制胜的交通规划仍然是城市规划的重心，现代交通方式在为公众生活提供诸多便利的同时，不可避免地造成了街道活力丧

图1

失，城市风貌过于单一化，生态景观受损等问题。因此，通过街道景观提升、道路格局重塑等手段，实现街道活力的回归，同时推动城市经济的进步、建设宜居城市，应作为今后城市建设的重点（图1）。

1 道路交通与乐活空间

交通的多种可能性赋予了街道景观丰富的表现形式。以风景园林视角协助建设园林城市任重而道远，如何满足人们的需求？怎样构建一个乐活的城市空间？答案之一就是街道。"抢占"街道和道路——利用已有空间满足新需求并进行改造，无疑是一种实现园林城景观"存量设计"的新思路。

1.1 未来交通模式下的街道

随着时代和科技的发展，交通工具的发展无疑改变了道路格局。近年来，交通工具和创意概念的结合，可能会进一步颠覆人们的出行习惯和街道空间的使用方式。如丰田构想的某种概念型交通工具（图2），可应用自动驾驶技术，保

证路面行驶位置无偏差且速度可控，目的是在已有的交通空间中增加交通运量。而该交通工具的实现，需要配合模块化的建筑、装置乃至景观，即只有该工具与周边环境保持既定的层状关系才足以发挥良好性能，这也意味着新型交通工具将改变城市街道风貌（图3）。

若从园林城市建设视角出发，将交通系统与景观绿化相结合，则有可能实现"开窗见绿、花鸟相伴"的效果。各地人均绿地指标较之以往虽有所增加，但并没有真正解决问题。在高强度的生活节奏下，大多数人缺乏深入公园绿地体会自然的时间和精力，因此可以考虑从日常生活空间入手设置小微绿地，将绿色氛围渗入到市民的通勤、办公和家庭生活中。笔者在学生时代的一次竞赛中，通过一系列"覆土"措施实现交通工具的"小微绿地化"，给予行人身处园林的体验，以此提升住区居民及周边行人的生活和通行质量。该竞赛作品实际上表现了在街道改造过程中"与交通道路抢占空间"的思想：绿地依附于交通系统以使街道成为乐活空间。设计最大的特色在于改变

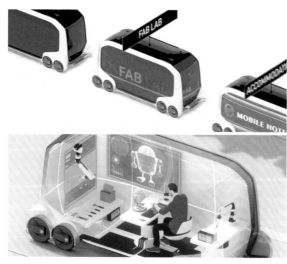

了道路与绿地的关系，百年来城市表面已经被混凝土硬化，这种可移动的"小微绿地"模式也许值得一试。

　　未来的交通模式也需要同生活紧密结合。室内空间可看作无须人工驾驶的交通工具，人们在室内空间的活动不受其影响，每当到达另一个地区，该空间模块可以插入当地的任何建筑或空间框架，可理解为私人住宅能够穿梭于世界各地的任何城市，世界成为网格，用模块组装起来。当这种交通模式实现的一天，交通路线中的景观设计如何体现其价值？这是我们需要思考的新问题，可能需要再度考量街道景观设计方向，甚至是整个城市的空间体系。共享汽车会改变人们对于传统景观的认知，这给景观设计师及风景园林从业者下达了一个巨大的挑战书（图5）。

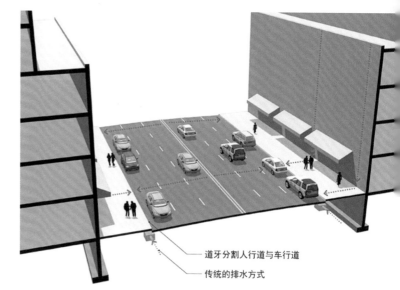

　　道牙分割人行道与车行道
　　传统的排水方式

1.2 交通流量和道路格局改造

　　从风景园林的角度考虑，"道路"无法供人停留，但"街道"不同。对后者而言，无论是座椅等城市家具，还是信号灯这类交通设施，都为公众提供了新的空间可能性。在充分了解道路的复杂性后，可以基于时空尺度构建全方位且具有共识性的交通体系，在此基础上创造属于行人的乐活空间。

　　欧洲和北美的街道上存在许多乐活空间，对当地行人而言，在街道上步行可以带给他们趣味性。保障步行者作为交通系统中弱势群体的步行机会和出行环境，通过平等路权来平衡机动车、非机动车和步行者的利益，实现街道"安全、绿色、活力"的品质跃升。当未来道路上的车流量降低，例如自己每天开车往返天津大学的时间是1个小时，其他时间这辆车就可以共享给别人，在道路上循环使用，这样道路上就不需要很多的车，可能也不需要停车场，车辆数量减少到1/10，道路也可以大幅度减少，这时风景园林的机会就来了。

七、余韵
远通息尘劳
高台瞰胜迹

图3

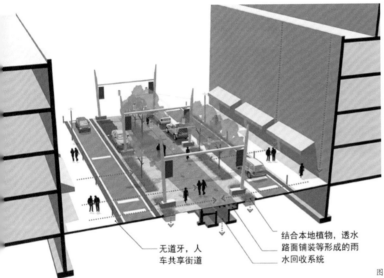

无道牙，人 / 车共享街道

结合本地植物，透水 / 路面铺装等形成的雨 / 水回收系统

图4

图5　　　　　　　　　　　　　　　　　　图10

在深入思考的过程中不难发现，街道空间研究中仍有众多可挖掘的信息和资源。但以往多由建筑领域或城乡规划背景的专家学者主导研究，出版了一些著作。街道本质上应被看作生活性空间，其更是城市的血管，具有高开放性和高容纳力，这本身是多维度的空间而非单一的线性结构，小型广场和街头绿地等都可纳入街道范畴。

近年来笔者也在积极探寻街道空间与人群时空分布的规律。例如北京王府井商业街开展的一项研究，调查行人对哪些座椅具有较高满意度以及其高频使用时段，试图通过坐具选择偏好优化街道设计；同时结合计算机视觉技术收集人群分布数据，拍摄行人停留的位置偏好；此外，将物理环境纳入影响因素的范围，如风、光、热，尤其是阴影的影响；最后归纳总结坐具分布与空间要素指标的关系。

1.3 案例分析

1.3.1 美国印第安纳波利斯乔治亚大街

该片区的街道原为双向六车道，设计团队后将其改造为双车道，在街道中心新增只允许步行的公共空间，使得街道变成慢行空间，也为过往行人提供更加完善的街道服务设施（图4）。该项目不以视觉美感为设计目标，而是注重情感和"人情味"的传递；同时该街道鼓励以步行为主的出行方式，通过车辆管控保障行人安全，也在一定程度上打破了街道两侧的独立性，提高了街道上各类空间的关联性，为行人提供丰富的公共活动空间（图7）。

1.3.2 神户市菖合南54号线街道

菖合南54号线街道位于日本兵库县神户市。项目通过积极拓宽人行道来拓宽道路空间，该街道由两条车道和一个停车区组成，新增长椅等设施，优先考虑步行者的游憩需求和舒适性需求，创建了安全舒适的步行环境（图6）。

改造前的道路空间格局较差，既影响人的安全又影响景观，不文明的司机总在按喇叭。改造后的街道创造了大小不等的空间，因具备休憩功能，许多市民会选择在此停留、静坐或交谈，只是对空间进行了微更新，甚至从鸟瞰视角很难发现空间的改造痕迹，就收获了非常好的效果。国内也在积极开展类似项目的研究和实践，设计师需要改变传统思维，打破固有印象，街道的转角也可以转变为供人停留的理想场所，不应当随意占用或遮挡，一系列的城市建设规范也提出了相关要求。

2 交通节点与乐活空间

2.1 高架桥下空间优化

街道上与交通设施相关的空间也有着各自的利用价值。从2018年起，笔者团队对天津市立交桥进行了较为全面的调研，并从中选了25处，目的是探寻其可达性、活动人数以及活动类型。笔者在调研时发现了一些很有趣的现象，甚至打破了人们的固有印象，例如，一个广场舞组织有170余人，而在阴雨天气周边3个社区公园的人不及立交桥下的一半，而且桥下空间是近年来该广场舞组织的固定地点。

笔者团队在之后的研究中提前设定了一些问题，包括对场地的选取、数据采集等，最后得出相应的结论。同时在调研的过程中进行了空间细节的测绘，其次观察记录人群的分布偏好，对这些具有较高聚集度的空间归纳其空间原型，从而进一步探讨影响人群分布的要素。在预调研后确定了20多处立交桥下空间进行深入研究，分析周边环境及交通现状和可达性，包括空间形式、空间结构、道路关系等，并开展相应的空间满意度调查。人们普遍认为离道路更远、环境更清静的区域存在更强的活动频率，然而调研结果显示，最热闹的、"最不安全"的区域反而使用频率最高。此外，团队又将现场调研结果绘制成图，用大量的国外优秀案例进行比对优化。研究发现，高架桥、立交桥下面拥有巨大的未被挖掘的潜力，值得设计师和学者们进一步研究。

2.2 公交候车空间优化

人群在公交站点只有一个行为目的：等候，但多数公交车站的安全性有待提升。以天津为例，很多道路未设专门的停靠站，大多为临街站牌的模式，当车停靠时，常出现人群上前"拦截"车辆的危险行为。笔者团队在调研了100个公交车站后，又进一步研究了天津市的公交车站分布，但研究的主要目的并不仅仅是为了提升安全性，通过现场调研，

发现公交候车空间主要包括候车舒适性、乘车便捷性、候车安全性三个层面的需求。其次，将POE使用后评价应用在公交车候车空间的研究中，以此得出公交车候车空间满意度评价结果，发现候车空间的常见问题，总结人群在候车空间内分布方式和空间使用方式的规律。

目前天津的公交系统基于软件后台控制，按照规定的时间行驶且出发和到达时间都具有较高的精准度，这意味着乘客的双眼得以"解放"——不需要集中精力观察，此时等候的时间间歇就为设计师提供了机会。例如，可在公交车站周边匹配某种类型的公共空间，相对舒适且具有一定私密性，能够激发各年龄段乘客的游戏、交流和互动行为。为此笔者团队做了大量研究探讨人群停留的可能，通过问卷调查发现，70%的人希望候车时可以有一个小型游戏或健身活动空间，由此可见公交候车空间改造的迫切性。

2.3 案例分析

2.3.1 日本神户市三宫十字广场

日本兵库县神户市的三宫十字广场更新项目，是神户一个大型空间节点，项目对于交通功能比较强的空间进行了相应的改造（图8）。在现代生活方式的影响下，越来越多的市民更偏好待在家中。因此该项目希望通过打造供人聚集的乐活空间而吸引人流量、激发城市活力。但受限于当地人口数量，该项目还未取得预想效果。

"三宫十字广场"以提升神户的"门户"——三宫站周边为目标，是神户标志性新车站"站前空间"的核心组合。

以三宫十字路口为中心的花道和中央干线的一部分创造"人和公共交通优先的空间"，连接"在地优势"和周边的城市环境的同时，营造丰富热闹的步行环境。片区中心的三宫十字路口充当重要节点，进行沿街建筑一体化的标志性空间形象设计。南北方向强化了公共交通轴线的通畅性，方便各类人群使用；东西方向也与周边的公共生活设施结合，可开展多样化的市民活动。

2.3.2 加拿大多伦多 Bentway 桥下公园

设计团队将失落的高架桥下空间改造为展示城市精神与灵魂的开放空间，并引入了社区参与的设计方法，计划在2年内完成桥下空间公园改造与社区规划的有机关联。团队邀请到各行各业的组织代表与社区民众代表，调查其社区规划发展愿景以及对该空间日常公共活动的期望。项目完工后（图9）不仅加强了周边7个社区的连接，提高了城市核心区域的交通便捷性，同时提高了城市空间利用率，通过消极空间的改造为人们提供全新的活动场所，以应对日益增长的人口和持续上升的游憩需求。

此设计概念源于高架桥自身的空间结构。混凝土立柱分隔出大量"市民房间"，彼此之间形成连通或独立的空间状态。桥下空间高度不等，最高可达15m，高大的立柱充当照明设施和电缆的结构支撑，也为公众集会和日常休闲娱乐提供了开阔场地。

3 结语

人群对于街道空间品质的判断往往基于"第一眼打动力"——即视觉环境，伴随着生活品质的提高以及城市建设进程的不断加快，人们工作和生活模式的转变要求街道空间需要进一步满足人们的心理和精神需求。将交通节点和边角空间等纳入街道优化设计的考量范围，已然变成园林城市建设的基本要求。将道路归还于人，而将生活归还于街道，积极探索不同类型街道的改造潜力，实现城市街道"养眼、养身又养心"的三阶跃升，最终构建乐活的园林城市空间。

图1 日本东京中央区街道
图2 丰田e-Palette智能交通模块对城市生活的介入
图3 未来城市构想
图4 新旧街道的重构
图5 借传统园林手法处理细部
图6 茸合南54号线街道改造后
图7 乔治亚大街
图8 "三宫十字广场"东侧改造示意
图9 桥下公园建成后效果

胡一可
HU YIKE

天津大学建筑学院风景园林系副教授、系副主任、博士生导师。

李致
LI ZHI

天津大学建筑学院风景园林学在读硕士研究生。

花园中的城市
City in the Park

摘要： 新加坡被称作花园国家，它在某种程度上改变了设计师对景观设计的原有概念认知。在新加坡，不仅关注环境，更关注景观设计。本文通过列举新加坡多个道路改造和老龄化社区运作等项目，继而引申出在中国的一些城市进行的项目改造。建筑与景观设计师充分利用了当地的自然环境与景观，做出了有效的设计。

Abstract: Singapore as a park city, to some extend changes architects' original idea and concept. In Singapore, not only it cares about environment, but more on landscape design. This article takes examples of road reconstruction and ageing communities' reconstruction etc. In this way it creates the image of park city, in this way it introduces some city reconstruction project. Landscape designer makes effective design and fully use the surroundings and landscape.

关键词：新加坡；景观设计；道路改造；绿色发展

Keywords: Singapore, Landscape design, Road reconstruction, Green development

1 新加坡乌节路改造

乌节路是新加坡的核心区域，应该保留原来的经济枢纽作用，所以思邦对它进行了道路改造，把汽车等基础设施移走，改成步行道。改造前，中间是车辆穿行，人被挤到道路两边，设计师决定把车从路上赶走，希望呈现新加坡之前的样貌，重新打造步行街（图2）。

设计可以引入绿色区域，引入到城市，引入到水系，种更多的树进行绿化，给人口密度高的城市做出环境质量的改变。把车辆移走之后，整个中心区域的空气变得更为清洁，

受到的污染也更少，整个环境都得以改善。车放到了地下，打造了新的开放区域，覆盖了这个街道，不会遮挡阳光，在这个区域很凉爽，不需要过多地使用空调。之前交通非常密集，让人感觉不愉悦。

现在新冠疫情依然存在，公共区域很少有人去，因为密集接触可能会造成危险。所以可以改变传统的购物方式，把它打造成更为开放的区域。对于大道的改造，把汽车都移走，把交通区变成步行街，在香港、伦敦存在同样的情况。从这个角度讲，可以考虑借鉴世界其他地区城市的改造方法。

图1

重塑原来土地的功能，带来环境的可持续性发展，让环境更为宜居，环境质量更高。可以进行储水，也可使用风扇调整空气风向，可以使用技术充分吸纳太阳能，还有雨水收集，以帮助我们不消耗过多资源就可以产电供能。这是现在采用的一些策略。

2 新加坡乌节路青年活动中心

这是一个规模比较小，同样也是非常冗余的区域，与乌节路改造项目位于同一个街道。设计把它打造成绿色基础设施，成为城市的一部分，在内部提供了非常方便灵活的用餐场所和区域，在一年当中不同的时间，做出不同的调整，发挥不同的用途（图3）。

通过这些项目，了解城市的生活方式，做出更好的改变，把城市打造得更具有活力，为整个社会创造更多互联互通的可能性。

3 乐龄农庄

日本现在人口老龄化非常严重，境况艰难。而新加坡在2030年老龄化程度可能会和日本一样。在老龄化人口的管理及社会管理方面，新加坡采取的措施不足。

如何让老年人和社区有更积极的活动，新加坡有成功的经验。从20世纪70年代新加坡进行了城镇化，很多农场都消失了，这是非常有害的。对于社会所面临的变化，社区老龄人口不断地增加，年轻人的数量变少，很多人需要照顾他们的祖辈、父辈。未来应该怎么做？思邦设计事务所首先努力解决了城市当中的食品安全问题，因为城市现在种植规模比较小，要考虑怎样增加食品的生产，而且满足老年人的生活需求，需要在不同的元素以及不同的问题当中找到一种平衡，生产绿色食品的同时照顾老年人。所以在城区打造了乐龄农庄，年轻人可以和父辈们一起参与到种植当中，同时也确保有公共空间，对整个城市是开放的。另外也设计了一些公园，有助于对老年群体的照料。在社区中心，还设计了老人用餐场所等服务设施。

要谨记每个人生而为人与生俱来的尊严，重视人们的尊严感。在城市中，由于各种条件的限制可能无法面面俱到，但是要确保在设计时尊重人们接触自然、获取清洁水和空气的权利，在设计时也采用了一些过滤和洁净的最新科技，来确保人们的生活是安全的。为老人构建和谐愉快的环境，是我们的行动宗旨，应该设计这样的空间，让老人和儿童，都能够与自然互动，感受自然的魅力。

乐龄农庄在 2015 年时获得了多项国际大奖。其还有一个设计概念是让居民与公园产生一种亲密的连接，将整个楼盘和综合体设计成一个贴近自然的空间，人们不管在里面工作还是生活，都会感到赏心悦目（图 4）。

4 沙滩屋

塑料垃圾污染海洋资源是热议的话题，如何解决这个问题？最终怎么让那些不可降解的塑料免于落到海洋之中？其实在很多情况下，政府会安排人员在海边收集捡拾塑料，我们看到的塑料垃圾大多都是水瓶或者塑料袋。新一代的新加坡人有别于前人，之前的人会将饮料和水带到沙滩，把垃圾留下，而新的一代似乎更有环保意识，并且现在的塑料材质也越来越可降解和可回收。对于新一代的新加坡人而言，他们愿意周末的时候去海边欣赏美景，徒步穿越公园，并且也会运用新时代的观点，来装点沙滩上的景观，比如说大家看到的灯景，给人一种动感并提醒人们的环保意识。总体而言，它看似是一个海港，但有着自然景观和怡人便捷的基础设施（图 5）。

5 Rochester罗切斯特行政教育中心

Rochester 罗切斯特行政教育中心位于新加坡，是一个共享学习中心。不论是儿童、成人都可以在此活动，里面还有一部分空间作为酒店使用。它的设计参考了 20 世纪 80 年代新加坡建设的一大批平房，这个项目考虑到当时的建筑风格，所以它水平化的特征比较明显。新加坡政府对于这个项目的绿植是有要求的，对大楼的绿植和周边的绿地，都有一定的地域范围要求和空间大小要求。建筑之间通过形成梯田，与邻近的罗切斯特公园景观建立了牢固的关系，形成了与公园的视觉连接。为了实现这个项目与自然环境的无缝连接，在进行设计之初综合考虑到周边的景观设计，比如在建筑项目开发设计时，就考虑到怎样设计窗户，让人们能够更亲近、更便捷地看到自然。该中心成为一个人们可以在此生活、社交、娱乐、锻炼、学习和放松的互动场所（图 1）。

6 吉隆坡宏愿之城

这是在马来西亚的项目，基于废弃的建筑物改造而来，设计团队接手这个项目的时候一直在思考如何改造它，转变它的功能，从而让它更加符合当前环境的要求，并且也希望

在改造之后，这个项目与城市有更好的连接。通常在进行商业综合体设计时，会有购物中心、酒店，有时候是集合在一起，将其称作"大盒子"。而这些项目内部的装修要确保各部分之间能够实现无缝对接。所以这个项目的外表看起来郁郁葱葱，本身就可以当作是景观，里面则是非常现代的景观。希望能让人们在穿行时非常便捷，并且能找到一切想找到的设施，不管是咖啡厅还是电影院。这个空间非常受当地人欢迎，在这里能感受到城市的朝气蓬勃。

7 衢州核心圈城市更新

思邦设计事务所也参与了很多中国项目，包括一些城市的改建和扩建。思邦设计事务所为衢州打造的核心圈层，是由一系列各具特色的"城市一景"组成的，是建立在衢州丰富自然风貌基础上的城市设计。而其中，又以与衢江——这一衢州生态代表性元素之间的关系尤为引人瞩目。河流关系到城市的用水命脉，做城市规划的时候，优先考虑到水域特征，同时也考虑到它与环境的连接。这里包含了酒店、休闲体育设施，不管是在当地还是周边的地区，景观的设计都旨在促进景观设计的可持续性。

8 横沙渔港总体规划

横沙渔港总体规划位于上海东南部的长江三角洲（图6）。该场地目前是该市河口港口的一部分。长江每年向海洋排放大量的泥沙沉积物。沉积物形成了河口的地貌，这些沉积流激发了思邦设计事务所对总体规划的灵感。在过去20年，上海这座城市发生了翻天覆地的变化，它是黄浦江边的一个城市，工商业蓬勃发展。在过去的几十年，上海希望吸引更多的人来到这个城市居住、生活和工作，所以再次将水和河道作为城市的主要吸引元素。这对于河北的一些城市来说，也很有借鉴意义。现在很多人不管是从生活还是从自然角度而言，都愿意更多地亲近自然。所以除了文化、教育、旅游这些功能，在进行某一个项目设计时多方面考虑，这跟之前提到的概念是一致的。

9 山坡购物中心

山坡购物中心为如何能在新冠疫情下公共区域开展活动提供了对策（图7）。这是一个集休闲娱乐购物餐饮为一体的景观场所，它区别于传统的购物中心，实际上类似于一个购物村。传统的购物商场在上面，呈盒子状，设计要改变这个盒子，充分利用河边的景观，也采用了传统商场的元素，采取山坡的形式。山坡非常利于雨水的收集。左边是传统的购物中心，它的绿化面积是非常低的，但从另一个维度看，这个购物中心是由绿树环绕的开放式结构，为访客提供了健康通透的环境空间，让购物中心和周边环境充分联系起来。这也是新冠疫情下，避免人群过度拥挤和密集而打造出的设计，改变了传统的建造方式，让自然能够融入现在的购物场景当中。

史蒂芬·平博理
STEPHEN PIMBLEY

英国SPARK思邦设计事务所创始人、董事。

呼吸的景观
Landscape can Breathe

摘要： 2020年7月13日，一场大雨导致马来西亚发生了严重的水灾，但同时又缺乏饮用水，从而引发对城市建设与自然环境问题的思考。这也是很多城市高速发展中的通病，建筑和园林设计都被同质化，失去自己的个性和优质的社群空间。建筑与自然被隔开，才会同时发生上述的缺水与水灾现象。大自然与建筑是息息相关的，因此景观建筑的设计必须要与自然元素（绿地、水、风、空气、阳光）互动和协调，平衡自然环境与城市环境，让自然可以呼吸，这样才能创造一个和谐、韧性、优质的生活环境。

Abstract: Recently, rain causes serious flood in Malaysia, but worse is, portable water is insufficient, it causes thinking about city construction and environment. It is also a common problem for the high speed city development. Architecture and landscape are designed with the same look, losing its characteristics and good community space. Architecture and nature are separated, that is the reason why water insufficiency and flood can happen at the same time. Architecture and nature have a close link, it is because landscape must coordinate with natural elements (Green land, water, wind, air and sunshine). Make a balance between nature and city. Take a deep breath, thus we can build a harmonious, resilient and high quality living environment.

关键词： 马来西亚；城市建设；可持续性发展

Keywords: Malaysia, City construction, Sustainable development

1 马来西亚的地理背景与设计理念

　　马来西亚位于东南亚，曾沦为英国殖民地，于1957年宣布独立。临近赤道，属于热带雨林气候国家。这里的居住环境基本上是一种多元人文社区持续扩大而形成各自独有的多元中心发展模式。本土社区包括了马来乡村甘榜文化（Kampung）、华人集聚的新村部落和城区、农耕园丘的垦殖民村落和森林边缘的原住民部落等。马来西亚全年温差很小，平均气温在 26~30℃之间，有着丰富的资源、大量的雨水和充足的阳光（图1）。

2020年7月13日，马来西亚下了一场非常大的雨，发生了严重的水灾，同时也因为河水污染而导致饮用水缺乏（图2、图3）。

究其根本，这是由于城市的建筑、人与自然环境之间失去了连接，从而失去了优质的环境。目前，很多城市在高密度发展中，发生了"群楼攻击"的现象。在这些现代高密度都市中，建筑和园林设计都被同质化，失去了自己的个性和优质的社群空间。建筑与自然被隔开，才会同时发生上述缺水与水灾现象，大自然与建筑是息息相关的，两者之间不存在任何界限，而景观设计能将人、建筑与大自然完整地连接。

图1

因此景观建筑的设计必须要与自然元素（绿地、水、风、空气、阳光）互动和协调，平衡自然环境与城市环境，让自然可以呼吸，这样才能创造出一个和谐、韧性、优质的生活环境。

2 O₂住所案例

该项目距离首都吉隆坡 23km，属于 O₂ 城市一期工程，占地 0.0546km²，是商场、酒店、住宅和办公楼的综合建筑，旁边是城市的绿色保护地区。项目的设计是以公交导向发展（TOD）的，场地内共有 6 栋高楼和两层架高的裙房停车场（图 4）。

项目的设计灵感来源于光合作用的绿细胞，将细胞结构作为高层建筑的平面形状与园林景观的样板，再依此确定地块内的绿色园林景观，最后形成了非线性的景观住宅空间。

此项目的关键在于如何将自然环境的五要素（绿地、水、风、空气、阳光）融入项目中，并达到区域的可持续发展。

绿地方面，项目从整体性入手，同时在地面层、裙房屋顶与建筑屋顶整体考虑设计，获得了完整连续的绿色景观，也因此整个地块的绿化率高达 75% 左右。

在地面层上，根据消防的规定，建筑周边必须设有消防道路，但不会牺牲绿色景观，满铺硬质道路。

通过分析地块的流线，发现地面层的"A-B""A-C"属于车辆交通较多区域，"B-C"属于临时车辆交通区域，因此将车辆较多区域设计成硬质地面，车辆较少区域设计成可渗透型的紧急绿色道路，以此增加地块内的雨水排放量（图 5）。关于裙房屋顶层的景观，我们做了土坡、水系等，

图 4

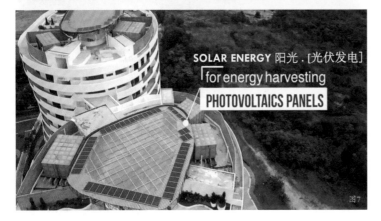

营造自然的景观环境，而非人工的硬质景观，人们到这里就像来到了大自然中。地块中的乔木植物数量多达 1000 棵，这样庞大的绿色植被也可以带来冷却效应，为人们提供舒适的环境。

水源方面，地块内设有一个生态池（图 6），收集地块内的雨水，用于地块内绿色景观的灌溉和水系景观的维护。同时也可以保证地块的温度与空气维持在舒适的范围内。为了保证生态池水源洁净，地块将雨水与生活用水进行区分，确保生态池中收集的是雨水，并在池中养殖鱼类，种植水生植物。

风与自然空气方面，建筑内有露天的中庭，设有很多的洞口，打开室内与室外的连接，当生态池水被蒸发时，就会带动空气流动，自然空气可随风自由穿梭于园林与建筑之间。

阳光方面，项目内的所有绿植区域都给予了充足的阳光照射，保证植物的不断生长，减少了地块内的热岛效应，创造出舒适实用的生活环境。

在可持续性方面项目也做了很多的探索，项目在屋顶安装光能发电系统，收集阳光，用来供应地块内公共空间的照明用电（图 7）。另外，项目还将可持续发展的理念融入种植方面，收集枯萎的叶子、树枝等，进一步堆肥变成有机物质再用回绿植上，形成可持续的自然循环。

3 结语

项目由每个结构细胞构成，当每个结构能够自成一体，考虑好各自微观的部分，建筑与景观有机地连接，那么整个项目就可以自然地呼吸。当每个建筑打造好与景观园林的连接，那么就能实现"聚少成多，积小致巨"，就可以营造韧性与优质的环境。

所有的建筑与园林景观设计都是息息相关的，只要让它们连接在一起，园林、景观、建筑就可以自然地呼吸了。

图1 马来西亚
图2、图3 马来西亚水灾
图4 项目图
图5 绿色植被
图6 生态池
图7 光能发电系统

李俊鸿
LEE CHOONG HONG

马来西亚JRD景观设计事务所首席设计师。

思考的空间
Spatial Thinking

摘要：通过Sanitas Studio工作室几个项目的分析和阐述，强调景观装置对城市、居民的影响，呼吁人们即使住在拥挤熙攘的大城市里，仍然要留有足够的思考空间，体验自然的变化万千，重视生态环境的可持续化发展。

Abstract: By analyzing several projects in Sanitas Studio, we emphasize the impact of landscape equipment towards people. We propose that even though people live in big crowded cities, they still should remain enough spatial thinking room, feeling the changes in the nature and emphasize the sustainable development in the eco system.

关键词：景观装置；思考空间；生态环境；可持续发展

Keywords: Landscape equipment, Spatial thinking, Eco environment, Sustainable development

现代社会，每个人的生活方式都大致相同，住在拥挤熙攘的大城市，有很多事情要做。人们经常会谈一个概念叫作思考的空间，这其实也是 Sanitas Studio 的基本理念。

自然时刻都在变化着，只不过人们经常会视而不见，Sanitas Studio 希望能够通过自己的设计，让大家重新意识到这一点，能够体验到自然的变化万千。

1 神话般的逃避——山丘

这个项目所在的山丘位于清迈 We Ket，是一个思考空间，正如图 1 所示，这是当时一眼相中的城市景观设计原型。大家看到的不光是一堆石头，更多的是有了一个想象的空间：信仰以及园林景观。于是笔者就开始研究它的起源，最后发现，它其实是泰国传统的微型小山，起源于 14 世纪，也就是大成王朝时期的泰国文化。

泰国园林的原型受到了中国园林的一定影响，但也有一些不同。在中国，园林有天地之合的说法，在泰国会加入佛教等其他元素。此外，一些小型假山的细节也令人极其感兴趣，在这些案例中，随处都可以看到项目是如何展现设计师的想法和智慧的。

2013 年 Sanitas Studio 就开始践行这个理念，当时在曼谷艺术博物馆做了一次展览，同年还在曼谷市中心的一个公共公园设计了一次展览和体验。在室外的时候，项目展现了一个令人感觉友好的理念和设计元素，让你时刻关注自

图1

然的变化，环境的变化，以及四季的变化。当把这项艺术装置放到公共区域时，就可以让大家有体验的机会。

山的信仰被浓缩在另一个项目 Khao mo 的山形轮廓当中。这个艺术装置只使用了一种材料——泰国的镜子，很多泰国的寺庙都有这种材料。之所以使用镜子，是想打造一个人们可以与自己共度时光的空间，能够留意到四周的变化。

这个项目看起来像一堆简单的镜子框，彼此叠放。它邀请人们进入这个空间，并有自己的时间进行反思和思考。在美术馆邀请人们走进并探索其中的空间，称其为避难所。在这个避难所中，希望将人们带回到最纯净的状态，即起点和终点，即土壤。2013 年同年，Khao mo 被重新安置在公共场所——暹罗广场（市中心）和朱拉隆功大学之间的公共公园。Khao mo 在开放空间中的行为有所不同，通过反射，它减少了 Khao mo 的存在并突出了周围自然环境的变化。同时，这座山本身也反映了从拂晓到黎明，冬季到夏季，周围环境的变化。从另一个角度讲，当将这种艺术品放在公共场所时，就像为人们开放更多空间来体验这一变革时刻一样（图 2）。

2 跨越宇宙

在 2018 年，Sanitas Studio 加入了曼谷艺术双年展。在曼谷，也就是在历史建筑当中，郑王庙是泰国的标志，已存在 200 余年。从研究来看，寺庙是根据祭祀所建立、规划的，它所代表的是生和死。Sanitas Studio 研究了宗教祭祀，可以让观者体验这种变化的时刻，图 3 照应了佛教的理念，就是让大家享受此刻和自己在一起。整个空间总体分为两个部分，外部地区是和外部相连的；内部空间就像世界的内部一样，只使用一种材料，也就是红色透明墙体。当大家从外部而来，进入到内部时，就会有时间休息并停下来观察周遭的变化。随着灯光颜色的变化，或是有云彩飘过时，就可以看到变化。

同时，由于它也是在一个考古地点，设计者不希望艺术作品对历史遗址产生干扰，因此就把这个艺术装置安置在公园的边缘，让灯光的颜色和历史交相辉映，这就是该艺术装置想传达的改变。

3 平衡

韩国平衡陶器装置公园位于韩国釜山，是一项装置艺术，展示了地标建筑以及松岛海滩的发展历程，并向公众直接展示了一种冲突的感觉，即掌控和自由之间的冲突。松岛海滩是韩国的第一个公共海滩，在被日本占据期间就已经对公众开放了。韩国发展至今，经历了起起落落，如何捕获这种精神，并通过适当的装置艺术展示出来，成为 Sanitas Studio 需要解决的问题。在这种情况下，振动的不倒翁应运而生（图 4），无论是自己摇摆还是由外力推动，它都可以回到平衡的状态，而该装置实际上也是韩国某个朝代的遗产。工作室做了 1 ：1 比例的模型，在海洋艺术节这天，静止的韩国陶瓷被放在海滩上，但是当人们走近互动之时，它就变成了动态的，而在质地上，它又不可被破坏。正是这种嬉戏和静止之间的互动，人们感受到脆弱以及不可战胜之间的强烈对比，并由此感受内部、外部带来的冲击。

4 人造土地

曼谷市中心 Patumwananurak 公园在景观设计和装置之间实现了一种结合，并成为一项永久的艺术，只是现在还没有对公众开放。这个公园的理念是想传达六世国王的概念，传达皇室的责任。对于大家谈论的艺术，Sanitas Studio 一直想研究它所隐含的内在含义，在进行了一系列

的研究后，结合九世国王告诉我们的鼓励民众进行思考的想法，Sanitas Studio 希望能够在这个城市打造一个空间，来回应九世国王的倡议。

当时在有些混乱的社会当中，想打造这样的艺术品，目的是通过对公众开放的方式，让公众能够停下来驻足思考一下。在装置之时，我们打造了小假山，设有路径，把大家的城市生活和自然生活结合起来。它使用了两种材料——泥土以及反光不锈钢，大家可以带着一种概念上的感知，充分利用这样的空间进行放松，并加强对城市的认识。在这样的空间中，人们远离城市的喧嚣，进入到自我沉静的境界当中。

图4

5 在山林中

这个项目位于泰国北部清莱府 Doi Tung。30 年前，Doi Tung 地区的土地还很贫瘠，现在却已然长成了茂密的丛林，薄雾环绕。森林是持续的，森林保护是一个永无止境的项目。Doi Tung 地区的森林修复工作势在必行，Sanitas Studio 受邀在此做艺术创作，设计师巧妙利用 Doi Tung 的特殊地形，邀请人们走入山的里面。项目的装置材料由布组成，结合原始的苗圃结构，用棉布搭建出山的轮廓，棉布质地像人们的怀中抱着婴儿。咖啡和夏威夷果是当地盛产的经济作物，棉布在咖啡和夏威夷果的残渣中浸染后，风一吹过，空气中散发出阵阵香气。整个项目就像是一件艺术品，为人们打开了一个体验自然时刻变化的空间。

6 新常态

在海滩漫步的时候，我们会发现很多被丢弃的易拉罐，还有其他垃圾。我们可以把这些垃圾收集起来，进行艺术装置的打造。比如，Sanitas Studio 就曾参照史前洞穴绘画

的模式，收集遗留在海滩上的废弃的罐头、易拉罐等垃圾，加工成浇铸铝。通过把这些浇铸的模型做成艺术装置，来展示人们内心对自然的敬畏与反思。

人类生活制造的垃圾，对自然带来了很深的影响。小的时候，大家会在海边看到螃蟹等动物。但现在，很多人工制造的东西遗留在海滩上或海里，并成为动物新的栖息地。这到底是好还是坏，我们现在还未可知，但负面的影响已经越来越多地展现出来。所以，在重新利用垃圾这一点上，是我们面对现在受污染的环境，给动物打造更适宜的栖息地所亟需考虑的问题。

保护生态环境，需要现在采取行动。新常态就是要寻求一种新的生活方式，改变我们以往的态度，在对"我们是自然世界的一部分"这一点产生深刻体悟的基础上，真正做出行动。

萨尼塔·普雷迪塔斯尼
SANITAS PRADITTASNEE

泰国Sanitas Studio创始人、设计总监。

图1 景观设计原型
图2 突出了四季变化的山丘
图3 只使用一种材料——红色透明墙体
图4 来回振动的不倒翁

通过"微气候"景观设计
提升公共空间的参与性
"Micro-Climate" Promote the
Utilization of Public Place

摘要： 在城市中，景观已经成为非常重要的名片。城市里需要更好的宜居环境，然而，由于泰国气候炎热，居住区面积有限，大多数人把时间花在购物中心而不是户外景观区，设计师可以通过具有良好"微气候"的景观设计，为人们创造景观体验的更多可能性。

Abstract: In city development, landscape has become a very important name card, city dwellers need more cozy living environment. However, as weather in Thailand is hot, living place is limited. Many people spend time in shopping but not stay in the open air. Designer can fully use "Micro climate" for a good design and provide more possibilitis for landscape experience.

关键词： 泰国；景观设计；微气候

Keywords: Thailand, Landscape design, Micro-climate

1 景观设计要考虑到对微环境的改变

在城市中，景观已经成为非常重要的名片。现在的城市，包括住宅区，发展速度非常快，要让大家享受到更多的景观。现在更多强调的是绿色的环境，给大家打造更多的绿色空间，通过改变环境，让人们更多地融入环境，欣赏景观。

泰国有国家绿化指南，遵照指南，规划设计师能充分利用政策带来的机会，打造更宜居的环境。现在景观是宜居城市很重要的一个方面，但现在的环境受到污染，气候变化带来影响，阳光也被污染物和颗粒物遮盖，并且这种现象已经持续了很多年。所以在景观设计当中，要考虑到如何通过微环境的改变，来提升景观的可观赏性，提高观众的参与度。现在很多人喜欢逛购物中心，而不是参与户外活动，这也是可以理解的。

大家面临着这样的环境现状，但我们也存在着一些偏见。首先就是"大家不喜欢使用景观区域"，现在由于气候变化，天气变得更为炎热，更不舒适。我们要改变这种认知，要把城市变得更为美观。LC 事务所设计的一个初衷是，景观是可以移动的，可以给周边环境带来更多的动态，也能为人们注入更多的能量。

对设计师而言，还有另一方面的职责。是否说打造了更多的绿色区域，就意味着我们有更高的生活质量呢？微观气候如何影响气候、影响景观？怎样使气候变得更为宜居？从景观设计的角度，这是可以实现的。通过微观气候的调整，能够让大家欣赏到更多景观。在这样的环境中，大家可以更好地居住。这并不是说有更多的绿色区域，就能实现更多生活质量的提升，而是要对绿色区域加上宏观景观的规划进行更好的设置。LC 事务所从小的项目开始进行尝试，然后在小的成功基础上进行大规模的扩展。作为设计师，也能够从侧面影响更多的人，让大家意识到现在绿色区域的作用，让

图1

他们从购物中心里转到户外活动去。另外，再思考怎样使城市土地再生，抓住各种机会，帮助城市变得更为健康。

对LC事务所来说，起步之初从小规模开始，这样便于展开后续工作。在进行微观项目设计时，可以模仿之前成功的案例，对其做进一步的复制。

2 案例：曼谷尚泰百货

这一项目中建了一个建筑，方向是有导向的，这样可以把风向引入其中。项目要找到绿色区域和购物中心之间的冲突，并思考怎样把购物场景和绿色区域平衡和谐地结合起来，而不会造成冲突。景观设计项目要通过不同的景观，打造更和谐的微观环境（图2）。

购物中心有两个，与有绿色的公园有一定的距离。在购物中心，可以做一个改变，建造一个绿色的走廊，把这两个区域进行有机联系，这样会有更多的区域。很多人在购物之后，会充分享受在这些绿色区域的休闲和放松。要加强整个城市的绿色景观概念。设计所传达的信息就是充分利用购物中心的走廊，房屋的建筑方向也是迎合风向，让大家感觉到自然通风，还有整个风向的流动以及阳光也能够满足绿色植物的生长，并产生更多的同质效应。也可以在一些小块区域进行小规模种植，通过绿色作物的种植，改变购物场所的微观环境（图3）。

在购物中心的环境中，可以进行社交活动和休息。在设计时，力争将可用空间最大化，并且也考虑到当地的建筑风格。相信当购物者来到这个区间的时候，一方面是购物，另一方面也会感受到与日常生活的贴近感。这里不光是商业场所，也是一个文化连接的场所。设计的亮点在于娱乐设施，在这个区域考虑到来访者的需求，设有一些娱乐设施，可以满足不同年龄阶段来访者的需求。不管是色彩还是形状，都是很丰富多彩的（图1）。

在进行设计考量的时候，考虑到当地人对娱乐设施的喜好程度，包括人们去娱乐设施之后，需要寻找食物等的需求。设计师希望将整个空间建设得极具开放性，越开放越好，对景观的设计也延伸了这样的理念（图4）。

同样的理念，后续在这个项目周边也得以贯彻。考虑到了地形不同，东南西北四边都有不同的元素，它们也能让人感受到精细的设计理念。设计的元素包括自然形状，不同的几何图形，并且不管从宏观还是微观上，都尝试了不同的处理方法。

在进行设计方案优化的过程中，从第一版到第三版，对景观的设计越来越丰富。后面不光是考虑到景观，也考虑到其他活动所需。对这个项目的景观设计，从总体而言，希望它能够服务于综合体的功能定位，同时让它成为一个具有多样性功能的室外空间。从空间的内侧可以看到，它营造的氛围非常怡人。

在项目的分阶段设计中，采取了一种非常精细的方式。从项目地址的前部、中部到后部，希望用一种自然而然的方式将它们连接起来。这个项目中，河流也被设计成一道景观，其在整个购物中心设施中所发挥的作用，是营造自然，为整个系统带来活力。

为了实现整个设计的和谐统一，也考虑到引入新的元素，比如说一些流线设计，在主要的功能区设计过渡区，不是那种非常突儿的形式，而是非常流畅的曲线型。

整个项目分为若干层，有地面一层、地面层，就像是一个常见的花园一样。这些景观一方面给人带来了一抹绿色，同时也是一种基础设施，让人们有更好的休闲或者栖息的地方。对于来到这里的人们而言，一层的设计理念是令他们非常欣喜和愉悦的。在这里，不管是家人带着孩子，还是普通的嬉戏，都可以在此找到感兴趣的话题和元素。比如水管的设计，可以带来流动的水，从而增强环境的生动性。这里还可以作为一个植物植被和花草的教育乐土，非常适合孩子的认知需求。

人们步入这块区域的时候十分便捷，几乎没有任何阻碍，道路的流线也非常简洁清晰。几乎在各个角落都随处可见绿色，在所有可以安排的地方都设计了一些可供休息的凳椅（图5）。

设计也旨在让整个区域的步行道更具创意性，因此对步行道的设计进行了创新。虽然这个区域有很多植被，种植了很多树木，树木作为景观和作为具有实际功能的存在被人们所接受和欢迎，但现实的情况是什么样呢？由于当地有接近自然的习惯，所以对这个区域的改造也依然需要尊重由来已久的风俗习惯，但与此同时又可以做一些创新，该创新即体现在可以设计更多的景观和一些新兴的地面标志性建筑物。

椅子的设计很贴心，看着非常舒适，也很受人欢迎，秋千的设计（图6）跟对面的绿植是遥相呼应的。小道有一种曲径通幽的感觉，让人兴趣盎然。人们可以选择任何一张空椅半躺着休息。其实在购物中心，人们有时候最需要的就是一个舒适的休息场所，每当发现这些场所时，都会非常惊喜，一定会尝试使用。这些嬉戏场所不仅可以充分利用空间，也可以满足人们休息的需求，时时刻刻都很受欢迎。

景观的设计不是孤立的，可以跟很多元素结合起来，形成有机体。因为当地的气温比较温暖，所以户外的活动会比较多，并且能看出整个项目的相貌演变。对于景观来说，某种程度上就像是微型的城市，有时候对它的理解可能过于单一，现在意识到这点时，应当采取一种更加丰富的多样视角来看待它，并且景观也不光是人们眼睛所见的景象，更重要的作用在于营造一种氛围，让人们产生独特的体验。

通过这样的改变，大家就可以了解环境的重要性，然后也会做出更好的努力，更好地维护环境。如果说想打造更高质量的生活环境，就要打造更完善的景观。如何打造更好的景观，这就需要给人们树立更良好的意识，让每个人都能够做出贡献。要让大家形成共识，要知道这些景观和环境对生活的重要性。这样我们就可以更好地欣赏景观，通过景观的欣赏又能够促进生活质量的提升。

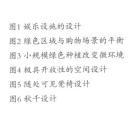

图1 娱乐设施的设计
图2 绿色区域与购物场景的平衡
图3 小规模绿色种植改变徽环境
图4 极具开放性的空间设计
图5 随处可见凳椅设计
图6 秋千设计

萨姆科特·乔克维吉特库

SOMKIET CHOKVIJITKUL

泰国Landscape Collaboration 景观事务所合伙人、设计总监。

公园城市的文化创意与创新表达
Cultural Creativity and Innovation Expression in Park City

摘要：用现代设计手法来演绎传统东方文化的设计理念，已经广泛应用于IAPA的景观设计和建筑设计领域，并且这两者在设计和规划过程中达到了完美的融合，文中通过多个精彩案例的展示，详细阐述了IAPA在公园城市的文化创意与创新表达所展示出来的观点。

Abstract: Using the modern design method to explain oriental cultural ideas, this has been widely used in IAPA landscape and architectural design. These two different forms are perfectly matched in the process of design and planning. In the article one can find many interesting examples, which illustrate IAPA's cultural creativity and cultural innovation expression in building a park city.

关键词：公园城市；文化融合；创新设计

Keywords: Park city, Cultural integration, Innovation design

现阶段"公园城市"的概念越来越被人熟知，它是以生态文明为引领，将公园形态与城市空间有机融合，生产生活生态空间相宜、自然经济社会人文相融合的复合系统，是覆盖全城市的大系统，城市是从公园中长出来的一组一组的建筑，然后，形成系统式的绿地，而不是孤岛式的公园。在公园城市建设中，如何提升文化创意力和创新表达的感染力，彰显公园城市的人文价值是值得研究的课题。

1 成都龙泉山城市森林公园

成都龙泉山城市森林公园尺度非常大，目前可能是国内最大的城市公园。由于历史发展原因，成都的新城和老城被龙泉山脉分割成两个部分。按照新的城市发展政策要求，今后的成都将会以龙泉山森林公园为中心，形成大成都环抱龙泉山的格局。

整个森林公园的长轴方向长度有 97km，相当于从广州到深圳的直线距离，尺度非常之大。在整体规划中也安排了若干个节点的设计，便于有效管理和实施。其中一个节点是作为今后成都文化和对外交流的核心区，也就是说未来有些领事馆会搬迁过来。在设计的时候采用了西南地区民居吊脚楼的设计理念，用大型环状交通体系将所有沉浸在山雾里或悬挂在交通体系上的一系列建筑体串联在一起（图 1），形成了一个巨大的文化建筑综合体，除了发挥日常基本功能外，还可以作为市民文化活动、交流和其他商业活动的聚集地。站在另外的山头上，水平视角下几乎能看到整个大环所形成的类似像文化公园尺度的造型（图 2）。在整个交通体系下面悬挂的具有西南民居神韵的建筑，可能会作为今后不同文化

图1

图2

部门或使馆部门工作的地点。圆环的下面又形成了很多大型
的户外活动场地，为一些展览活动、文化活动和商务活动的
开展提供了足够的空间场所。

2 唐·西安大明宫国家遗址公园

西安大明宫国家遗址公园占地将近 3km²，规模相当之大
（图 3）。它在城市规划建设中扮演着重要的角色，除了给城
市建筑提供文化保护场所之外，同时又为城市增加了公共绿
地空间。该公园已于 2010 年对外开放，为当地城市的发展
带来了很大推动力，无论是周围居民的生活品质，还是整个
城市形态，都得到了极大的丰富和提高。

通过建成后的卫星照片看到，遗址公园里面几乎全部的
功能设施，包括道路和其他装置等均已完成。在总体规划设
计之外，一些节点的设计也花费了很大精力，比如整个中轴
线上的展示装置，由 3 个大宫殿串联而成，最后形成宏大的
中轴景观展示布道。其中含元殿、宣政殿和紫宸殿是中轴线
上最著名的地标点，在历史遗址上占据重要位置，它的尺度
和规模都是有文史记载的，对这些宫殿的遗址如何展示、如
何使用是非常具有挑战性的。当然，对于历史遗址项目，在
国际上和国内都有法律明文规定，不能重建，也不能复建，
所以只能采用艺术构架以及加景观的方式，把过去整个宫殿
的尺度和空间重新展示出来（图 4）。该设计方案也获得了中

图3

图4

国设计大奖等业内的极高荣誉。

3 河源客家文化公园——图书馆新馆

河源客家文化公园占地 1.3km², 从设计竞赛到施工建成历时近 7 年多, 跨度很长, 而且由于用地的更换以及设计要求的改变, 后期建设实施中发生了很多变化。

这个公园位于河源中山大道北拓延长线的终端, 从入口处开始, 整个轴线按照一个个节点顺序完成。其中建筑部分最后建成的是河源市图书馆新馆 (图 5)。IAPA 在该图书馆设计规划过程中做了很多关于客家文化和客家居住方式的调研, 特别是民居的居住方式。经过调研, 决定采用客家五凤楼居住的雏形作为设计的基本模块, 把所需要的功能按照现代生活和图书馆常规空间使用方式融入这样的框架里, 从而形成最终的设计方案。这个设计从方案阶段一直到后面的实施阶段, 也经历了很多反复和争论, 包括建筑地面的材料等有很多不同意见和争议。最终, 客家文化公园和河源图书馆新馆还是以现代的设计手法, 将传统客家文化精髓融入各个设计细节上最终呈现出来。

该公园建成以后得到了河源市民的高度评价, 特别是河源图书馆被称为河源有史以来最美的建筑, 这个最美不仅是指建筑本身, 也是文化传承方面的荣誉。整个建筑空间设计采用的处理方式甚至包括用料都跟客家文化密切相关, 建设

过程中的很多设计细节都使用了文化演绎的方式, 包括夯土墙等表达手法, 把过去客家建筑在传统营建模式上用现代的手法重新演绎出来, 甚至包括客家传统建筑内冷外暖的建筑手法, 也用了一些竹子做的遮阳装置来呼应传统客家建筑当中的某种元素。

4 广州文化设施四大馆"一馆一园"

岭南大观园以及广州文化馆, 被称为"一馆一园", 在广州新的城市中轴线的最南端。其中围绕海珠湖建成了岭南人观园, 同时又把文化建筑——广州文化馆植入到公园内。在公园的设计和规划中, IAPA 设计的这个公园尺度不仅呼应了环湖区域的尺度, 还呼应了广州城区的尺度, 特别是中轴线上的 3 栋建筑, 分别是电视塔、东塔、西塔, 均为广州著名的地标。为了把整个城市的尺度和公园的尺度能体现得更加适度, 在公园里设计了巨大的榕树装置 (图 6)。榕树装置也是这次设计最大也最有争议的亮点, 它是大型的钢结构竖向绿化装置, 实际上也是竖向的植物园, 人们可以通过交通设施, 包括栈道、楼梯、电梯到树上去眺望整个公园的景色, 回看中轴线上的广州市貌。同时形成了各种展览和展示的小空间, 方便开展各类小型的活动。这些榕树下面的装置, 非常具有时代感, 同时又和当地文化符号形成紧密的契合。

5 温州三垟湿地公园——湿地博物馆和"非遗"文化展览馆

这个项目面积有 10km² 多，离温州市中心只有 2km，可以说是温州市中心的城市湿地公园。现在公园里除了一些还没有迁走的旧村庄以外，基本上还是原生态的湿地，政府决定把整个公园做成城市中央公园，将文化元素植入进去，包括森林湿地公园的博物馆和瓯江"非遗"文化展示馆。

在规划设计湿地博物馆的时候，为了将整个建筑对湿地的影响降到最低，所以将湿地博物馆设计成漂浮在湿地上的状态（图 7），对湿地几乎没有什么影响，湿地从建筑下飘然而过，我们甚至对人们参观动线也进行了深入考量，比如采用摇船进入的形式进行参观，尽量把对湿地的影响降到最低程度。

"非遗"文化展示馆是用现代设计方式诠释当地的文化展示空间，建筑是以现代的设计方式呈现出传统江浙小镇的建筑组群的手法。这种做法在 IAPA 很多项目设计上都采用过，也就是 IAPA 一贯坚持的"用现代的设计手法来演绎传统的东方文化"的设计理念。IAPA 无论是在建筑设计的处理方式上还是景观设计处理上，都在贯彻这一理念。

6 深圳北站商务中心区城市及标志性建筑概念设计

深圳北站商务区的概念设计是位于深圳高铁站北站出口的 6 个地块范围内，街区尺度很大，设计的时候在核心区中间嵌入一个小型的中央城市公园，由于大量人流在此穿越，所以就把附近的车站和城际铁路放在公园的下面和公园中，形成综合性的立体交通体系（图 8）。从造型上看，希望这里作为深圳的第一门户，能够给人山水悠然、水墨中国的感受，让大量的活动在山脚下进行，而更多的居住、工作和购物的活动则形成在山的上面，构成传统的中国风景画的形象。

从不同的角度综合考量 6 个地块的设计，其中红线跨界的处理是头一次。在城市规划设计当中 IAPA 也想挑战一下跨红线的空间处理手法，如果一旦成功和被采纳或者接受，无论是对政府、社会还是市民来说，都是一个多方共赢的结果。

7 广州南沙新区明珠湾起步区C2单元城市深化设计与重点地块建筑设计

广州南沙新区明珠湾起步区 C2 单元城市地块设计目前已进入实施阶段。当时领导提出的要求也非常具体，他们希望这个项目能够形成"抬头像新加坡，低头像威尼斯"的空间格局（图 9）。IAPA 在设计过程当中也的确把这些理念都贯彻进去，充分利用南沙河涌的优势，所有的地块用水上交通系统连起来，同时整个城市风貌是以完全现代化的城市形象示人。

图6

图9

图10

8 西安华侨城西咸沣东文化中心

西安华侨城西咸沣东文化中心规划和施工都已完毕。该设计也采用了在西周时期使用的黄土台地上营造建筑的理念，用同样的方式来构筑现代的生活、居住和商业的模式，这是集居住、商业、文化于一体的大型城市综合体，占地约3km²，是规模非常大的一个项目。

大家都知道西安的地下尽量不能挖，一旦挖了，底下很可能出现其他的遗址或是古迹，会影响到整个项目的推进，所以整个项目在平地上面建设，没有做任何地下工程的施工。

并且在设计当中采用之前在土坡上建宫殿的形式，用非常简洁的大盒子在土坡上营造所需的使用空间（图10）。

9 结语

公园的本质是休闲放松的场所。"公园城市"的提出，是习近平生态文明思想的生动实践，它强调人能够有机融入自然环境与人文环境，不再片面注重其单一的消遣性。而文化的加入，更丰富了公园的层次，人在其间既与自然亲近，又能感受到外在表现上的丰厚。

图1 大型环状交通体系设计
图2 水平视角下的环状系统
图3 大明宫效果图
图4 四季景象
图5 河源市新图书馆
图6 大型榕树装置
图7 湿地博物馆建筑像漂浮在湿地上
图8 深圳北站规划效果图
图9 广州南沙新区起步区C2单元城市效果图展示
图10 西安华侨城西咸沣东文化中心模型展示

彭勃
PAUL PENG

澳大利亚IAPA（艾帕）设计顾问有限公司董事总经理、主持建筑师。

145

透水铺装的控流截污及在海绵城市中的应用

Introduction to Pervious Pavement in Stormwater Control and Applications in Sponge City Construction

摘要： 海绵城市的6字方针为渗、滞、蓄、净、用、排。海绵城市建设中很重要的一个措施就是透水类铺装。本文详细介绍了透水类铺装的7大类别，并就每一类的外观、结构和透水效果等优缺点做了分析，同时针对每一类材料进行了相关应用案例的介绍。砖作为建设材料的历史很长久，且不断有很多新理念、新材料和新应用的出现，同时一些跨学科的新技术也在不断涌现，当下是一个活跃的领域。

Abstract: The key policy of China Sponge City initiative includes infiltration, retention, storage, purification, reuse, and discharge. Pervious/permeable/porous pavement is one of the most important practices in Sponge City construction. Seven categories of pavements are introduced in this paper, and their exterior appearance, structural properties, and field performances are discussed. Case studies are used to illustrate the features. As a traditional construction material, bricks have a long history, while new concepts, new materials, and new applications emerge. Thanks to new interdisciplinary technologies, it is an active area of interest.

关键词： 透水铺装；控流截污；海绵城市

Keywords: Pervious pavement, Pollution control, Sponge city

本文详细介绍了透水类铺装的分类，并就每一类的外观、结构和透水效果等优缺点做了分析，同时针对每一类材料介绍了相关应用案例。此外分享了透水铺装的控流截污试验研究成果，并对国内外砖材料的一些最新研究进展和趋势进行了介绍。

1 透水类铺装的分类和应用案例

"海绵城市"是指城市像海绵一样，下雨的时候能把水留住，干旱的时候能把水缓慢释放出来。海绵城市的6字方针为渗、滞、蓄、净、用、排。海绵城市建设中很重要的一个措施就是透水类铺装。透水类铺装涵盖范围很广，大致可以分为：砖缝透水砖、透水沥青、透水水泥、植草砖、塑料格栅、全表面透水砖和其他现铺透水路面等。

1.1 砖缝透水砖

砖缝透水砖本身材料并不透水，透水是靠砖之间的缝隙来实现的。普通材料的砖，比如水泥材料、黏土烧结材料还有一些橡胶材料都可以。一般通过侧面突起或者底下定位的卡槽，保持砖与砖之间缝隙。缝隙填入石子或也有留空的，美国一般要求缝隙小于1.3cm。一些此类砖还可以有透水蓄水一体的设计，如PAVEDRAIN（普润）公司的产品，砖下半部分的拱形空间里还可以蓄水，在武汉的潘庙新家园项目——海绵小区示范点中有应用。砖缝透水

图1

的技术简单也容易生产，但缝隙容易进土长草，维护起来比较麻烦。因为砖本身没有任何过滤功能，缝隙大，所以污染物去除能力差。

1.2 透水沥青

透水沥青是比较早的透水类产品之一。生产需要严格控制使用骨料的直径范围，保证石子之间黏合并有缝隙。国内透水沥青的新技术和新产品也很多，上海格林路得的苏州运河风光带项目，使用的就是采用新型粘贴剂的彩色透水沥青，景观效果和环境效益都很好。

1.3 透水水泥

类似透水沥青，透水水泥材料生产也需要严格的骨料控制，固化过程的用水量和压实也比较关键，对固化时候的环境条件要求也比较高一些，以保持同时具有足够的孔隙和材料强度。透水水泥材料单位体积成本比普通水泥略高，且厚度美国一般至少需要15.24cm（普通水泥为10.16cm），初始建设成本会比普通水泥要高，但长期的环境效益好于普通铺装。透水水泥的透水速度很不错。一些透水水泥比较怕盐和除雪剂，抗冻融性能差，美国几个北方地区的项目在冬季表面剥离破损比较严重，近年来水泥材料行业针对这个问题在配方方面优化研究，有一些改善。

1.4 植草砖

常见的植草砖是由水泥等材料制成的，可以是"井"字

形、背心形、"8"字形、网格状等，厘米级别的大孔中间填土种草，铺设在地面上有很好的稳固性，能经受行人、车辆的辗压，绿草的根部生长在植草砖下面和孔格里，因此草根不会受到伤害。除了植草，也可以在中间填充石子。

1.5 塑料（土工材料）格栅

用塑料类的材料（或土工材料）做一个网格和格栅，生产成本和运输成本都较低，安装时在中间填入石子或者植草。简单高效，使用效果也还不错。伴随着土工材料的发展，结合很多厂家在土壤冲刷侵蚀方面的研究基础，现在产品也有很多。

1.6 全表面透水砖

全表面透水砖类材料本身是可以透水的。它大概分为4类：透水水泥砖、透水石子砖、陶瓷透水砖和砂基透水砖。

第一类是透水水泥砖。和现铺透水水泥类似但材料是预制的，在可控的工厂环境生产，可以有比较好的环境因素控制，不受安装场地气候的影响，这就是在厂里预制生产的优势。在中国生产的倾向于规格尺寸比较小的砖，在美国更常见的是做成比较大的预制透水水泥板，透水速度是非常高的。

第二类是透水石子砖。把石子等颗粒物作为骨料，用高分子材料做黏合。砖可以有各种颜色质地，但是如果石子骨料太细，技术上需要解决好"既能把细小的骨料黏结好，又能透水"的难题。美国主流一般最小到几毫米粒径的小石子

的级别。

第三类是陶瓷透水砖。在高温烧结过程中保留了陶瓷颗粒间的孔结构，因此可以吸水和透水。中国是陶瓷生产大国，陶瓷透水砖技术比美国好。美国陶瓷透水砖的生产和使用都很少，且还有一些是中国出口美国的产品。

第四类是砂基透水砖。砂基透水砖用的是沙漠中的沙子。沙子表面自由能低，颗粒比较细且分散。此外，沙子资源基本是免费，要多少有多少。生产好砂基透水砖需要若干核心技术支持，第一是预覆膜技术，增加骨料物理性能和圆润度；第二是二次覆膜和表面改性技术，添加亲水添加剂，且增加材料的微表面粗糙度，有利于材料总体表现的亲水性能。沙子本身是弱亲水物质，经过二次覆膜后，让它有一层微纳结构，可以更亲水，增加透水、吸水和保水的功能。最后砂基透水砖的成形工艺也是一个技术关键点，以保证砂基透水砖的表面孔隙在 50 ~ 100μm 左右，且孔隙联通，孔型圆润，表面光滑。这个过程除了使用了特殊的黏合剂外，用量、压力过程及成型工艺也很考究，把两次覆膜的散沙通过特别的震动挤压成最后的透水砖。这种免烧结的工艺对环境也更友好。奥运会水立方、北京园博会、国家科技部、上海世博会中国馆等项目都有砂基透水砖的应用（图 2 ~ 图 4）。

1.7 其他现铺透水材料

当项目铺装的面积比较大时，类似透水水泥和沥青的现铺技术就更有突出优势了。最近两年，实验室在砂基透水砖的基础上研制的一个新技术，是把预覆膜的硅砂散料和固化剂等运到场地，采用现铺工艺现场铺设透水路面，运输和人工成本都更低，也更具有竞争力。

2019 年，北京的世界园林博览会中国馆广场，就是采用的砂基透水现铺路面（图 5）。砂基的材料细腻，还可以通过使用不同颜色的覆膜砂组合，铺出不同形状和图案，景观效果十分好（图 1）。

从环境角度来说，硅砂透水材料透水可以削峰滞流并回补地下水；材料具有微米级孔隙滤水，可以减少雨水径流的污染；材料透气且保水，还有很好的蒸发性能，可以缓解广场的热岛效应。

和全表面透水的透水砖类似，国外的现铺透水路面技术其骨料主要还是小石子级别的，比较粗，不能做到沙子这么细。比较大的有 BASF 公司的 ElastoPave 和 FilterPave 品牌的现铺材料，类似国内也有聚氨酯类石子现铺材料。除了石子外，骨料也可使用一些废玻璃、废轮胎等再生材料。

2 透水铺装的控流截污实验室研究

前面介绍的砂基透水材料，是微米级别透水的，要控制好孔径分布、通孔率，以及孔形状等参数。砂基透水砖使用

图2

图3

图4

均匀的沙粒，并保持圆润且直径近似的孔隙，这样很多灰尘和雨水中的颗粒污染物都会截留在材料的表面，可以在维护时候被清扫走。而不是像大多数透水沥青、透水水泥，其孔形不规则且尖锐，污染物更多的是嵌入材料，本身更容易引起难以恢复的堵塞。

微米级透水的优势之一是污染去除效果要比大孔隙透水好。我们刚刚完成了一个控流截污的试验。该试验是在实验室环境下做两个试验箱，按照实际的砂基透水砖铺装安装进行装填和铺装，然后采集雨水径流进行人工降雨，对透水砖的雨水水量水质的控制效果进行研究。研究表明，砂基透水铺装和原土孔隙有很高的透水性能，减少径流和削峰促渗回补地下水作用显著。此外，很多污染物都可以通过透水砖体系被去除，去除率是高于大多数美国对透水类铺装的研究报道的。我们还分别跟踪测试了颗粒和离子态的金属污染物，

发现不只是颗粒状的金属污染物得到了很好的去除，比如金属锌去除率达到了 99.6%~99.8%；离子态金属也有一定的去除率，比如离子态金属锌去除率也能达到 90% 左右。

总的来讲，该材料表现出了很好的水量和水质控制效果，砂基透水砖体系的去除率比大多数美国对透水水泥、透水沥青等研究的结果要高。

3 砖材料最新研究进展

最后，介绍几种比较新型的生态环保砖材料。砖本身是一种可以重复利用的建筑材料，在美国符合回用要求的砖从回收测试，到再销售和再使用，是有成熟的渠道的。景观师、建筑师或工程师在环境友好的一些项目中，有的时候专门买旧砖来做新的建筑。

再生砖可以使用废塑料、废玻璃或废建筑垃圾，还有粉煤灰等。这个在中国和美国都有很多研究和产品，特别是近几年，在政策鼓励下，高速发展中，再生砖是很有前途的一个方向。有些新产品比如英国公司生产的一些砖，通过用再生材料，改进工艺，能减少碳排放。前面说的可以透水蓄水的砖，还可以把加热丝和导线安装在砖里面，冬天可以融雪。还

有 2018 年英国的一个发明，通过砖上下两面的温度差来发电。

从 2014—2015 年，硅砂资源利用国家重点实验室有一个研究，是在现有砂基透水砖最靠外的 1~2mm 的面砂上，进行光触媒覆膜。也就是在前面介绍的二次覆膜技术的基础上，再进行第三次覆膜，从而可以在光照下吸收电子产生强氧化作用，破坏病毒和细菌结构，包括冠状病毒。

4 结语

透水铺装是海绵城市建设的一个重要措施，在我国有大量应用。前文分了 7 个大类进行介绍。其中在全表面透水砖研究方面，中国处于领先地位，也在城市建设中有广泛的应用。微米级别孔隙的砂基透水砖，还有现铺的砂基透水路面，有很好的污染物去除效果，也可以削峰滞流、促渗地下水。

砖作为建设材料的历史很长久，且不断有很多新的理念、新的材料和新的应用出现。一些跨学科的新技术也在不断涌现，是一个活跃的领域。

基金项目（2016YFC0701001）是国家重点研发计划，项目在利用风积沙制备海绵城市透水材料的研究与应用示范方面做了很多工作，对海绵城市建设有重大意义。

苏雨明
SU YUMING

美国水资源工程师院资格工程师。

图1 2019北京世园会中国馆
图2～图4 砂基透水砖铺装案例
图5 北京世界园林博览会中国馆广场

文旅景观体系的数据化平台探索

Exploration of the Data Platform of Cultural Tourism Landscape System

摘要： 当下文旅已经发展成为提升当地经济的重要形式之一，本文通过详细的案例展示，阐述了文旅景观体系下关于数据化平台的应用，希望通过搭建可视化的信息平台，做到面向现场的垂直设计管理。

Abstract: Cultural tourism has developed into one of the important forms to improve the local economy. This paper expounds the application of the digital platform in the cultural tourism landscape system by displaying several cases, aiming to achieve the vertical design management facing the site by building a visual information platform.

关键词： 地域文化；提升经济；文旅景观

Keywords: Regional Culture, Economy improvement, Cultural tourism landscape

1 融创文旅简介

融创文旅平台（图2）和地产不同，它的核心业务主要包括几个部分：主题娱乐、商业、酒店、会展、IP矩阵，每个主题内容都包含产品线所产生的服务，实际占地面积很大，是一个大集群性的构建。

现在开发商也在慢慢地转型做经营性的业态，但是真正实施落地的为数不多，融创算其中一个，在现阶段文旅开发中属于靠前的位置。

融创的主题娱乐布局全国13座城市，总投资非常大，近700亿元，总占地面积逾550万 m^2，有7大核心产品（融创乐园、融创雪世界、融创水世界、融创海世界、飞跃系列、融创体育世界、秀场大剧院），同时也在逐步引进各种IP和顶级互动。融创在整体开发方面的进展比较前端，整个文旅平台的建设到目前为止仅有两年的时间。

其中的主要产品融创乐园（图3）在全国已经布局了10个，目前6个已经开园，包括广州、无锡、合肥等，成都在2021年也会正常开业。它不同于其他以游玩为主的乐园，通过验证取得不错收益的项目有"雪世界"（图4），这个项目在广州主要吸引了香港的游客，因为广州属于比较炎热的地带，而雪世界的呈现形成了一个反差，比如做雪线、

图1

雪道等设计规划，这样就可以满足南方游客不用等到冬天时再去天气寒冷的地方看雪。其实做室内雪场对绝大多数中等消费水平的人具有很大吸引力的。

还有水世界和海世界（图5），包括儿童乐园，这些是融创乐园主要的几条产品线，其中会把其他的功能设施、游玩项目，包括建筑、规划、景观等进行整体的封装。另外体育世界有一些运动型的需求，比较前沿的有F1模拟赛车，包括引入驾驶、健身等相关设施（图6）。

另外像秀场、剧院、娱乐MALL，这里面是作为一个大型的一体化购物中心。它的整体布局都很大，而且是混合业态、多面布局完成整个项目的投资和运营，这个可以成为地产跟政府对接的平台，它会带动消费、就业，以及整个区域的二次开发。

还有集中做的酒店群，从四星、五星、六星逐步在推动，核心是体现出每个酒店群的差异，同时也在探索民宿群的建造（图1）。

2 文旅项目管理的痛点分析

一个文旅区项目相当于正常住区开发的8个项目。那么就会涉及运营新业态，包括地产类开发业态，比如和设计方、规划方以及建设方的沟通，现在面临的困难较多。

现在开发区属于平稳或下行阶段，开发的城市能级越来越低，早期可能在一线、二线城市，未来就会扩张到三四线城市，慢慢就会发现，无论是运营业态或是开发型业态，低能级的城市越来越多，现在行业占比已经达到54%，比如毕业于北上广深一线院校的人，在北上广深生活是没问题，去外地出差也没问题，但如果在这个地区做深耕性的经营，可能很多人对这一需求就会降低，那人员素质和设计管理人员的获取难度，甚至好资源的覆盖程度，都会越来越难，而且在实际项目管控或是项目运维中发现，城市的能级和人才的分布基本不匹配，越到低能级城市，人才越稀缺。比如做大型项目的开发及平台的建设，因为人员的缺位，这方面也遇到了很大问题。

如何在规模发展中解决这个问题，就是把产品均好性、管控高效性、资源有效性结合在一起。因为管控会随着项目的链条越来越长，体量也会越来越大。文旅是一个投资和建设运营平台的产业，一个文旅城的投资规模基本在300亿以上，按照这种规模体量的建设，运维周期可能不会少于

图2

2~3年，而且它的周期会因为其他的对价谈判进一步延伸。延伸之后怎么保证管理的有效性，按照大公司构架，从集团到区域，到城市公司再到项目会逐级递减，而最后执行的人都是一些低能级的人，并不能把好的设计和好的想法执行到位，如何解决这个问题，我们也在探讨这方面的应用。

在架构上，如果按照现在逐步扩张的情况会越来越繁杂，其管理的效能一直在耗损。现在的文旅项目跟常规的开发性项目一样，有更深的痛点，一是面积大，做1个项目相当于地产做了8个项目；二是管理面积也很大，这样就给承建和整体的运营提出很大难度；三是人员的能级能不能配上项目，特别是高能级的项目结合运用中，服务配比却很有限。如果是文旅或资源性的项目，一般情况下，都是好山好水，但它的交通和应用的配套条件并不成熟。这三者如何结合，也是我们一直在探讨的问题。

3 文旅项目解决方案探讨

面对以上问题，首先可以用现在的技术，包括和互联网技术进一步嫁接，搭建可视化的信息管理平台（图7），做面向现场纵深化的垂直管理。比如在疫情期间大家都用zoom、钉钉、腾讯会议做远程交流，可以解决一些管理上的问题。如果是现场、设计上、落地实施的问题该怎么做？比如简单的住宅示范区，首先用方案和现场照片的比对，用客户的视角看专业的效果，做到客户和专业在前，保证效果

图6

图5

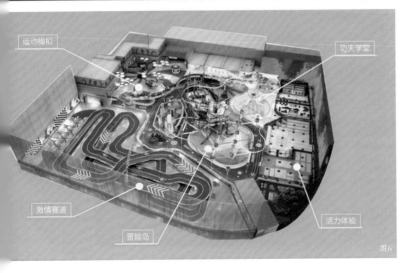

运动模拟

功夫学堂

激情赛道

冒险岛

活力体验

图6

透明；其次把现在所有可用的图纸搬到线上，从线下转到线上，用手机端做到进一步透明化，把每个专业的门槛进一步降低甚至弱化，打破相应的壁垒，就可以把它做成一个统一的产品。

完成一个建筑需要分为两部分，一是面向图纸，二是面向现场。

首先，面向图纸目前国内这块做得并不完善，设计方从方案到深化再到图纸，特别像景观这类还有现场的二次深化和二次创作，一系列设计完成后再到现场实施，是一条宗整的线条链。并且可以有一个二次分类，其后才可以全面交给技术操作，使其标准化。但其他专业就不同，比如建筑、结构或精装，因为它们的体系化已经很成熟，能够达到标准化甚至模块化，而且评判的标准也非常简单。还有和效果强相关的涉及主观评价甚至有些灵活性的操作，比如像景观、软装，就需要用其他手法来解决，其中图纸设计部分是分开做的，就是做第三方的审控。

第二步就是面向现场。有几个方式，第一个是按图施工。能按图施工的就是能趋近于标准的，把它做成标准件。不能趋近于标准，需要二次深化的，甚至需要通过最终的效果二次指导的，就涉及平台探索数字化的手段，最重要的是把图纸的二维做成三维，通过三维的立体化效果让工程人员和实施人员、后端管控人员能强烈贯彻传达的想法和意志，就是从前端到后端整体的推进。

在体系方面，现在的平台建设中很重要的一点是对信息化的处理，包括对价格的处理。信息化的平台是最被关注的，也是最重要的板块，因为它可以节能增效，解决一些受限于规模的问题，比如垂直化管理。

另外，关于品控，一是要打破人才壁垒的限制，可以组织业内的专家集中探讨，实现眼和脑的作用，首先偏重于标准，其次在区域和项目层面侧重于执行，实现手和脚的功能。二是给设计师进一步赋能，使设计分化，在这个基础上把门槛降低，使每一个模块真正的连通，可以通过可视化，让图纸一目了然。

品控 = 专业度 + 及时度 × 投入度，专业度可在人才的管理和选用预留方面做一个分化，包括专家性的人才和现场型的人才，同时有远程和现场同步的操作。另外加入第三方的评价体系，这样可以把内部的资源、人员进行二次管控。关于及时度和投入度，需要实现从线下到线上的转化，第一个就是手机端 + 电脑的同时合成。其次是把手机端的现场，包括主视图和侧视图进行全景线的环游，达到从人才、数据统一合流，因为文旅项目特殊的一点在于，它所有的运营数据都要统一，尤其是大家的消费属性。

4 尝试案例

目前针对这种大体量的工作，从早期的调研、方案的构思到意见的审控，施工的实施及现场的解读，其实都可以做全景化的流程演替。我们也正在尝试从方案到现场实施，逐步全景化，要达到设计审控、流程管理，包括施工云监控，不是简单的放俩摄像头就行了，是用无人机 + 系统合成，然后定点来更新（图 8）。

图 9 是我们在现场实施做的全景环游，这是对现场的全方位记录，其中会把每块都分出来，帧数和前后左右都会进行人像识别，再进行远程传输。但当规模更大时，就需要全景包括对后场全部的管控。图 10 展示的是之前的一个项目，这是用的全模而不是用人视的视点，全模对于小项目是没有问题的，但对体量已经到达 3km² 这样的大规模，不能做节点式的判断，除大的规划之外，必要的导模和全景的投入以及二次模拟，也是很重要的。

5 结语

从融创现在做的开发性的业态到经营业态，从小体量到大体量，管控工具要根据现在数据性平台，包括 AI 或者显示的设施进行多面的操作。基本逻辑就是从单专业到多专业，从单项目到多项目，从线下基本标准的成立到线上的全流程复合，实现提高效率。

图8

图9

图10

图1 融创酒店
图2 融创文旅：为中国家庭带来欢乐
图3 融创乐园
图4 融创雪世界
图5 融创海世界
图6 融创体育世界
图7 可视化信息管理平台
图8 场地调研应用
图9 VR全景汇报
图10 项目远程可视化管理

包布赫

BAO BUHE

亚洲园林协会地产园林分会副会长，
融创文旅集团研发负责人。

全域视角下的
城市景观群落设计实践
Urban Landscape Community Design Practice with Holistic Perspective

摘要： "美丽中国" "国家公园" "公园城市"等概念的提出表明，单纯的城市景观环境提升已不能满足城市发展需求，从全域视角思考城市景观是当代对风景园林设计的新要求。本文在技术层面将"全域视角"总结为多尺度的工作流程、多专业的工作模式、多维度的工作模型3方面内容，并分别结合粤港澳大湾区的珠海某公园、深圳光明新区的文化艺术中心广场、西咸新区的沣河生态湿地公园（文教园段）3个典型城市景观设计实践案例阐述"全域视角"的内涵。本研究将理论与实践相结合，总结得出全域视角是城市景观的升维，城市景观开始迈向城市景观群落，具有一定现实意义。

Abstract: The concept such as "Beautiful China", "National Park" and "Park City" shows that simple improvement of landscape environment in cities can no longer meet the demand for today's urban development. Therefore, creating urban landscape from a holistic perspective is a new requirement for today's landscape architects. In this article, "holistic perspective" is summarized as multi-scale work flow, multidisciplinary work mode and multi-dimensional work model. To well illustrate this point, three typical examples designed with holistic perspective are introduced: a park in Guangdong-Hongkong-Macao Greater Bay Area of Zhuhai, the Culture and Art Center Square in Guangming New District of Shenzhen, and the Fenghe Eco Wetland Park in Xi'xian New Area. This research has combined theory with practice, and concluded that design with a holistic perspective is to upgrade urban landscape to landscape community, which is of practical importance.

关键词：公园城市；全域视角；城市景观群落；生态都市主义

Keywords: Park city, Holistic perspective, Urban landscape community, Eco urbanism

1 背景研究

从学术研究层面，景观都市主义逐渐更新发展为生态都市主义，景观与城市的关系密不可分。景观都市主义的起源可追溯到20世纪70年代末后现代主义对现代主义建筑和城市规划的批判阶段，最初由哈佛大学设计研究生院风景园林系主任查尔斯·瓦尔德海姆（Charles Waldheim）提出，于此阶段开始关注景观与城市的关系，景观为解决城市问题提供了新的视角，重点关注退化的城市中心、棕地修复等城市问题，带来了高线公园等一系列实践探索。2008年哈佛大学设计学院莫森·莫斯塔法维（Mosen Mostafavi）等在景观都市主义的基础上提出生态都市主义理念，将城市理解为一个生态系统，注重生态、城市和人的关系，实践对象是整个城市环境。

从社会政策层面，生态文明建设、国家公园、公园城市等理念的提出也反映了景观贯穿城市规划建设的全过程。

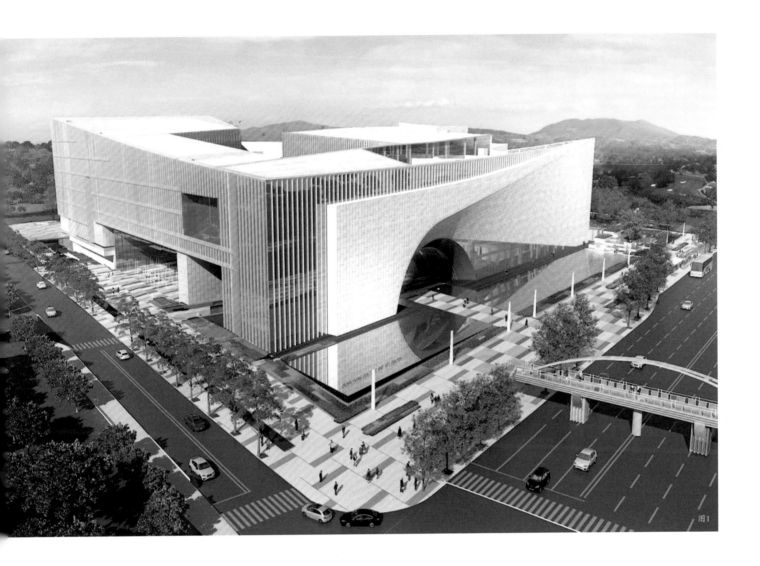

图1

从国家战略层面，2007 年党的十七大报告在全面建设小康社会奋斗目标的新要求中，第一次明确提出了建设生态文明的目标，2012 年党的十八大把生态文明建设纳入中国特色社会主义"五位一体"的总体布局之中，2017 年党的十九大报告提出"建立以国家公园为主体的自然保护地体系"；从城市政策层面，2018 年，成都、深圳等省市也开始推行"公园城市"，将公园形态与城市空间有机融合，以文明为核心，以生态文明为引导，秉持绿色先导发展理念营建城市新形态。公园城市的提出是为了缓解人与地、城与乡、灰色与绿色之间的矛盾，通过将城乡绿地生态格局和风貌作为基础配置要素，优化"市民—公园—城市"三者之间的关系。

2 全域视角的提出

生态系统的复杂性与关联性决定了景观设计不能从单一尺度上考虑城市景观问题。从服务半径来看待城市绿地，一个服务驿站的服务半径是 250m ；绿地面积 2

万 m² 相当于一个邻里公园，服务半径是 800m ；绿地面积 2 万 ~4 万 m² 相当于一个社区公园，服务半径是 1600m。以西安西咸新区沣河湿地公园文教园段设计实践经验为例，该项目面积 94 万 m²，是一个城市公园，远比多个小尺度的公园叠加要复杂得多。

当上升到区域范围，城市景观不再是一个个点状的场地，而是相互联系且动态变化的绿色网络，组成了城市景观群落，体现城市景观的生态性与有机联系。在西安西咸新区沣河、沙河、泾河等项目的探索过程中发现，单一的景观提升视角早已不能满足城市的需求。西安现代城市规划延续了古代"八水绕长安"的城市格局，规划了"八水润长安"的蓝脉绿网。沣河、沙河、泾河便属于蓝脉绿网规划体系，在景观设计过程中需要整体考虑水系生态与城市发展的关系及人在其中的活动需求，协调市政、规划、水利、生态、建筑等多专业，以全域的视角提出综合性的解决方案。

作为城市景观工作者，在实践过程中深刻理解，公园城市绝不是城市加公园的割裂状态，景观设计应立足全域视角，从技术层面上，以多尺度的工作流程、多专业的工作模式、多维度的工作模型，打造城市、环境、人三者和谐共生的城市景观群落。

3 全域视角的内涵

3.1 多尺度的工作流程

在城市景观实践过程中，随着城市景观尺度的增加，研究范围需放大到城市尺度，笔者通过多年设计经验总结出一套多尺度的工作流程：研究城市规划找定位—景观规划构建体系—景观设计落产品—运营思维反推支撑，形成一套闭环流程。

以珠海某公园景观设计实践为例，重点说明从城市尺度的政策研究落到场地尺度的空间设计。首先研究城市规划找定位，确立项目目标，该场地位于珠海金湾新区，从全域视角来看，地处交通黄金焦点，被定位为机场东路地标、城市绿廊重要链接点、滨海城市重要门户形象，整合联动生态海创新极、横琴新区休闲旅游核心极、香洲主城区的人文旅游文化极，共同促进珠海城市旅游发展。然后，景观规划构建体系，构建景观骨架，将场地印记演变为设计语言，打造城市界面，隐藏在森林里的城市娱乐岛，以景观规划构建整个项目结构。接着，景观设计落产品，进行空间设计，更好地将城市景观融入整个城市的建设当中，凸显城市生态和人文特性，并协同建筑设计、生态技术等，一步步走向落地景观。最后，运营思维反推支撑，以市场为向导，导入城市和客户资源，构建包含 10 大亲子互动体验项目、5 种时尚球类场地、4 大儿童主题活动产品、3km 森林跑步道的复合产品体系。运营项目设计是终点也是起点，整体形成设计闭环。

3.2 多专业的工作模式

多专业的工作模式强调多学科的交叉，共同应对城市复杂多样的背景环境，塑造高度协调的城市景观。风景园林本身即是一门综合性学科，包含生态修复、规划设计、市场调

研等多种学科知识，项目过程中常常需要与水利、生态、规划、市政、社科等多专业部门相互协调，以多专业的工作模式落实全域视角。

"海绵城市"的推行就是一个很好的多专业合作的案例。2015 年国务院提出推进海绵城市建设，海绵城市建设中的年径流总量控制率、地表水体水质、绿色基础设施等指标成为项目验收的重要依据，多个城市以水利部门为主导以达到指标要求，然而却因此牺牲了场地使用空间与美学需求，多地也曾出现过下沉式绿地蚊蝇过多使得公共绿地空间难以使用的新闻。

在海绵城市的建设背景下，深圳市光明新区制定了一系列低影响开发目标，在满足指标要求的基础上，也给景观设计带来了机遇与挑战。深圳光明新区自 2007 年建区始便积极探索低影响开发雨水综合利用，并于 2011 年 10 月被住房和城乡建设部批复为国家低冲击开发雨水综合利用示范区，深圳市也于 2016 年入选第 2 批海绵城市试点城市。深圳光明文化艺术中心（图 1）在建设伊始便根据《海绵城市与绿色建筑的控制条例》制定了年径流总量控制率达到 70%、面源污染控制率达到 60%、透水铺装率达到 50% 等指标要求。景观设计人员在采取了一系列低影响开发措施后，对场地进行汇水分区划分，利用 SWMM 软件进行模拟计算，并利用计算结果再次反推设计，综合运用市政、水利等多学科知识以应对崭新的政策需求。海绵建设的重点在于低影响开发（Low Impact Development，LID）雨水系统构建，设计从雨水径流路径设计到下渗区域划分再到雨水收集装置，在构建了一套雨水径流系统的同时，结合科普展示系统、雨水互动装置等一系列教育互动装置将人的活动加入其中，使海绵城市建设项目在满足验收指标的基础上，作为城市公共空间能够兼具功能与美感，并达到一定的教育推广效果。

3.3 多维度的工作模型

多维度的工作模型强调通过人的活动串联空间，在传统静态的生态修复与空间设计的基础上，加上动态的时间与活动线索，以文旅运营的思维打造可持续发展的城市公共空间，实现人、景观、城市的和谐共生。

以西安西咸新区沣河（文教园段）湿地生态公园项目为例（图 2、图 3），以说明活动策划在多维度工作模型中的运作方式。项目位于西安西咸新区，属于城市滨河开放空间，全长 8km，河岸平均宽度 100m，占地面积约 94 万 m²。由于为新城开发，场地原貌为一片荒野，周边也处于未建设状态，设计希望利用这片先行建设的公共空间导入客群人流，引领新城生活模式。在此设计目标下，以"大公园，微旅游"为理念，以用户思维构建产品体系。设计首先通过市场调研确定场地所需活动功能，根据场地的文化属性、空间

图 2

特点、功能需求，并与对岸空间进行活动内容互补，将项目分为生态教育区、都市风尚区、活力体验区、绿色休闲区 4 大分区，每个分区内的核心项目足以成为一个城市微旅游景点吸引人流。目前，"花浪海"这一景观节点已经成为一个网红打卡点，吸引了众多当地居民及周边游客前来拍照，场地原有的微地形增强了空间立体感，营造出小尺度的空间变化，即使是在同类型粉黛乱子草花海中也具有自身独特的游览体验。沿线设置 3 级服务配套，特色游客服务中心、能量加油站、"廿四驿"串联起沣河活力廊道，从使用者的需求出发，提供旅游服务便利。从景观绩效评价的 3 个维度来讲，该项目建成后获得了不错的反响，生态治理方面，被评为陕西省河道治理工程示范段，多个水利相关部门前来考察学习；经济带动方面，成为城市开发招商的展示区；社会评价方面，为新城囤积了一定关注度与人气，对未来新城生活充满了期待，总体上实现了人、城、河和谐共处的设计初衷。

4 实践经验总结

4.1 全域视角是城市景观的升维

全域视角下的城市景观群落设计不仅仅是城市景观的升级，还是城市景观的升维。类似于公园城市之于公园里的城市的转变，从"园在城中""先空间而后生态"转变为"城在园中""先生态而后空间"。

本文通过实践案例详述了"全域视角"的内涵，以珠海某公园的景观设计实践为例，从其位于粤港澳大湾区的黄金焦点位置出发，说明了从城市规划拟定位到运营思维反推支撑的多尺度工作流程；以深圳光明新区的文化艺术中心广场设计实践为例，在满足海绵指标要求的基础上融合空间使用功能与景观美学体验，说明了水利、市政、建筑、景观等多专业相结合的工作模式；以西安西咸新区的沣河生态湿地公园（文教园段）设计实践为例，以微旅游为设计理念构建产品体系，打造引流景点，说明了生态、经济、社会要素相辅相成的多维度工作模型。

4.2 从城市景观迈向城市景观群落

城市景观已经转向模糊城市绿地与城市肌理之间的边界，并逐渐渗入城市肌理之中，有序协调，与城市生活融为一体，形成内在有机联系的城市景观群落。

公园城市等政策的提出也说明了这一趋势，以我国首个公园城市示范点成都天府新区为例，其"保护山、水、林、田、湖、草生态本底，形成一山两楔三廊五河六湖多渠生态格局"等发展思路，表明了城市与景观的融合统一的关系。

综上所述，在城市不断发展的环境下，社会政策导向与学术研究成果也随之更新，将城市景观以全域视角看作城市景观群落，综合运用多尺度的工作流程、多专业的工作模式、多维度的工作模型进行设计实践具有一定的现实意义。

刘刚

LIU GANG

GVL 怡境设计集团总裁。

图1 深圳光明艺术中心
图2 沣河实景
图3 沣河项目前后对比

宜居城市里的第二自然
"The Second Nature" of Livable City

摘要： 本文通过对两个依山傍水而建的旅游度假项目的展示，阐述了"以美学为基础，以自然为载体，进行整体景观规划设计"的理念，景观设计要秉承以生态环境为基底的宗旨，传递出创造具有可持续生命力和人类价值的活动空间这一观念。

Abstract: By using two tourist center projects built by the mountain and river as examples, this article elaborates a landscape design idea, that's "Esthetics as its foundation, nature as its carrier." Landscape design is based on ecological environment. It creates sustainable vitality and human value.

关键词： 第二自然；景观设计；生态平衡

Keywords: The second nature, Landscape design, Ecological balance

哲学上把未经人类改造的自然称为"第一自然"，把经过人类改造的自然称为"第二自然"。从根本上说，"第二自然"是人类改造世界实践活动的产物。我们从广阔的自然视角和特定的场地体验中解读景观的内涵，以美学为基础，以自然为载体，致力于研究并创造具有可持续生命力和人类价值的活动空间。依山傍水而建的旅游度假项目，包括温州中心、太白山唐镇、重庆安居古城、无锡拈花湾、宝鸡太公湖、重庆凤鸣湖、惠州华润小径湾珊瑚公园、广州新力增城等。本文从其中挑选两个进行分析，分别是已落地的无锡拈花湾和目前正在做的重庆凤鸣湖。

1 无锡拈花湾

图1是拈花湾建成实景图，该场地之前是一些以禅意为主题的建筑，置身其中会有一种放松的、洗涤心灵的感觉。地表的自然资源和基地良好，尤其是水系，有天然的湿地、长条的水巷等。并且因为紧邻太湖水质较优，水和陆地之间天然地分隔出一个空间。

该项目紧邻太湖，拥有相当优越的太湖水域资源。赛肯思设计师初勘现场后，发现小镇中的天然湿地是一块非常宝贵的自然资源。该湿地的东北侧水岸曲折蜿蜒，用地狭长完整，并且离后期岸线较近，以植物塑造景致、家庭亲子活动为主；西南侧景观资源优越，远山近水，桥岸变化丰富，活动组织更多借鉴天然风光，以赏景修心为主。

湿地动线规划方面，利用湿地风景优美、游线绵长的特点，打造多种湿地行进线路，并为后期景区创收创造可能。利用景桥设置多个湿地入口，人行动线更便捷，并可对湿地进出实现管理。因湿地部分空间较为局促，船体难以掉头，故采用单线循环游线。除此之外，还分别在湿地内部和酒吧街设置船港，方便游客登船体验水线。游客置身其中，不仅能够徜徉漫步，更可以通过水路游线，在行船的过程中倾听自然的声音。船港选了两个位置。第一个位置位于主要人流游览线路上，与商业街相邻，可视性、参与性较高；

图1

接近大型活动场地，且水面相对较宽，便于游船汇集；此外，还利用了原设计观景平台，承载泊船功能。第二个位置位于湿地岛屿边，与湿地步行线路相接，下船后可直接进入湿地游玩。该位置可成为别墅区对景节点，描绘了禅居生活惬意的状态。

水上动线方面，在中间类似于岛上的地方，计划增设一条水上游览空间。目前做了两个方案，方案一是大环线设计，建立完整的水上游线。特点是水上游线较长，采用"8"字形水线行进约1000m，体验感较好，建议设计为游客参与互动项目；多个停泊点及景桥互动，岸线丰富；东侧现状河道较窄，需局部加宽；现状建成多座桥体需改造。方案二是小环线设计，利用现场湿地较宽空间设置水上游线。特点是水上游线较短，约430m，建议设计为观赏性项目，管理便捷，避免干扰；无须过多岸线处理，施工便捷；景桥改造限制较小，可发挥空间较大。方案一与方案二比环线较长，目前推荐方案一。

桥梁方面，结合整体空间，需要在保留原始桥的基础上，增设几座桥。这些桥包括连接狭长的水道和北侧更加开

阔的桥、岛与岛之间横向的桥、中间这几个岛与下面的建筑以及湿地入口处的桥。有一些桥的视线是偏动态，有一些偏静态，还有一些观赏起来更加有方向感。现已修建平桥5座，样式统一，无法行船，建议进行景观提升，并加建景桥2座，保证湿地步行体系畅通。引水成湖工程竣工，通过加建轻质景桥贯穿动线，组织活动，打造渔港清雅风情。

视线分析方面，根据现有建筑及湿地布局，进行景观观赏面分析，进行主次有序的景观打造。第一，湿地入口桥兼顾观赏、参与、标示作用，对景效果极好，需重点设计。第二，商业街人流较大，参与性强，为主要观赏面，需对岸线及对景桥进行场景营造。第三，水巷周边桥体无直接对景观赏面且停留性不强，建议结合现状桥体进行分组设计，强调桥之间的关联互动，以轻盈灵动的自然风格为宜。

植被方面，选用了人们普遍都喜欢的植被，比如樱花。这些植被能营造出一种旅游度假的比较轻松的氛围。

综上，拈花湾中融入了江南小镇特有的水系，目标是打造一个自然、人文、生活方式相融合的旅游度假目的地，追求一种身、心独特体验的禅意生活（图2）。拈花湾的成功

经验也给其他项目提供了参考，如太白山唐镇项目汲取了拈花湾湿地部分景观设计的成功经验，以唐文化为内涵，以传统中式园林格局为载体进行整体景观规划设计，设计从辋川别业汲取灵感，重塑理想山林别居生活。将传统文化特征带入其中，以大唐文化、太白山、温泉等作为概念展开设计，演绎唐朝自然野趣。

2 重庆凤鸣湖

重庆凤鸣湖项目与拈花湾项目有所不同，该项目设计以生态环境为基底，充分挖掘场地特质，营造集绿色休闲、科学技术、文化艺术、运动健身为一体的金融中心公园，引领高新区未来城市建设品质（图3）。

从现场勘测情况看，该水库系长江水域嘉陵江水系梁滩河支流，枢纽工程位于金凤镇文昌村。流域内气候温和，雨量充沛，多年平均气温18.7℃。水库现状功能以灌溉和防洪为主。坝址以上集雨面积0.9km²，库内主河槽长1.728km²，河槽平均坡降为17.5%。多年平均降雨量1088.8mm，由于雨量年内分布不均，极易发生暴雨洪水，流域内无其他水利工程。枢纽工程建于泥岩地区，流域内河槽呈长方形，属浅丘地形。由于人类活动频繁，导致某些土地不能合理利用，森林面积极少，天然植被较少，水土流失较为严重。

对该场地的自然资源进行分析后发现：水域方面，该场地总库容318100m²，正常蓄水位320m，校核洪水位320.96m，死水位310.61m，水位线基本明确，临水景观项目需依据水位线合理布置，设计不应影响水库防洪功能；植被方面，场地临水面植物生长茂密，大部分植被可保留；临路面受土坡影响，植物生长较为稀疏，需重新构建植被生态。

交通方面，该项目依山就势布置交通系统，形成了3层次的路网骨架，分别是山林主园路、亲水园路和盘山小园路（图4）。山林主园路，在满足消防车道功能的基础上，环绕场地主要景观节点通行。亲水园路，结合地形和景观节

图3

4M 山林主园路 在满足消防车道功能的基础上，环绕场地主要景观节点通行。

2.4M 亲水园路 结合地形和景观节点灵活布置，串联空间观景走廊。

1.2M 盘山小园路 补充节点交通网络，保障小空间通达性。

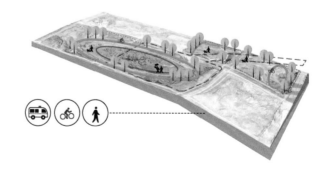

图4

点灵活布置，串联空间观景走廊。盘山小园路，补充节点交通网络，保障小空间通达性。

该项目分为 3 个地块，分别是综合公园、体育公园和海绵公园。综合公园集生态、科技、艺术于一体，旨在高密度人际空间的语度空间下，超越传统意义上的生态环度效用，更多地承载人际互动场所的社会功能。体育公园集运动、休闲于一体，旨在建立起城市自发运动场所的新标准。各个年龄段的不同运动者能够欢聚一堂，进行社交和娱乐。和业主沟通后，决定建一处足球场，由于地形复杂，可以将其看作是绳子状的布局空间。结合整体的场地，会形成一系列比较立体的空间，包含植被空间、网球、篮球等场地（图 5）。海绵公园则运用湿地、滞留草坪、蓄水池、生态溪流、雨水花园等理念，收集和储存自然雨水，构建一块巨大的"海绵"，打造海绵城市的典范类型。公园整体为一个东高西低的斜坡，在原排水渠填平的地方，设置生态停车场，设计 115 辆停车位，满足周边停车需求。再将斜坡塑造成一块巨大的海绵，既可吸收雨水保持水土，还能为城市提供开放的活动空间。雨水顺着工业肌理顺势徐徐往下流淌。经过多层雨水花园的过滤和净化后，汇入蓄水池继续沉淀，最后溢流进入市政地下管道（图 6）。

除此之外，该项目还加入了一些智能景观，包含智慧景观设备、增值服务系统和数据运营平台，涉及智慧运动、智慧文娱、智慧康养和智慧亲子。在精细化景观的基础上，融合智能交互与服务，构建景观情感乐园，能够创新聚合文化、科技、体育与娱乐，创新多感官交互体验，增强人民群众获得感、幸福感，创新领先的智慧系统和场景搭建，主张真实的情感感受。比如："乐动跳跳乐"，该产品占地面积最小是 12 ㎡，通过踩踏激活喷泉，可以实现人与水景的充分互动。"智慧康养"，产品占地面积最小是 20 ㎡，可智能检测运动标准度与运动量，提供科学健身计。"水利工程乐园"，该产品最小占地面积是 30 ㎡，是个无动力多角度水闸游乐设备，

可以给儿童提供灵活多变的游玩方式。

3 结语

以上就是对两个依山傍水而建的旅游度假项目的展示，其中阐述了"以美学为基础，以自然为载体，进行整体景观规划设计"的理念，景观设计要秉承以生态环境为基底的宗旨，传递出创造具有可持续生命力和人类价值的活动空间这一观念。最后，赛肯思不仅是一个公司，更是一种理念，是从广阔的自然视角和特定的场地体验中解读景观的内涵，以美学为基础，以自然为载体，致力于研究并创造具有可持续生命力和人类价值的活动空间。

刘子明
LIU ZIMING

法国国立凡尔赛高等景观设计学院DPLG、法国注册景观设计师、赛肯思首席设计师。

图1 拈花湾实景图
图2 拈花湾
图3 重庆凤鸣湖
图4 凤鸣湖交通
图5 体育公园
图6 海绵公园

生态规划落地路径实践研究
Ecological Concept Practice Study

摘要： 通过对国际生态规划的发展历程和欧洲城市生态规划实践的分析与研究，同时结合在中国生态规划实际项目的综合经历，讨论生态规划在中国城市规划体系里如何进行落地，并影响城市的建设。经过大量的实践与摸索，认为中国的生态规划落地方法有两种，一种是通过生态管控型项目的编制，借助法定规划或设计导则的形式，管控城市建设从而将生态规划进行落地；另一种是通过设计理念渗透的方式，在落地性的建设项目中，将生态规划的理念从概念方案阶段开始一直渗透到实践项目建设中，借助设计团队的专业水平实现生态可持续理念的落地。

Abstract: When we discuss the possibility of Ecological concept Practice Study in China and its influence towards urban development, we base on two factors, first, the study of development of Ecological concept in China and in Europe, second, Ecological concept examples existed in China. Through numerous studies and practices, we think that there are two ways to realize Ecological concept in China. First, by editing eco-control project, it uses planning according to regulation and design guideline in order to carry on Ecological concept. The other method is through idea penetration. The concept of ecological planning has been infiltrated into the practice project construction from the concept scheme stage, and the implementation of ecological sustainable concept is realized with the professional level of the design team.

关键词： 生态规划；城市规划体系；城市建设

Keywords: Ecological concept, Urban planning system, City construction

1 生态规划发展背景
1.1 生态可持续概念的发展历程

可持续发展的缘起可追溯到 1980 年由世界自然保护联盟（IUCN），联合国环境规划署（UNEP），野生动物基金会（WWF）共同发表的《世界自然保护大纲》，这项大纲的初衷是对自然界的保护和关注。次年，美国布朗（Lester R. Brown）出版了《建设一个可持续发展的社会》，提出以控制人口增长、保护资源基础和开发再生能源来实现可持续发展，提出了真正意义上的生态规划理念。直到 1992 年 6 月，联合国在里约热内卢召开"环境与发展大会"，通过了以可持续发展为核心的《里约环境与发展宣言》《21 世纪议程》等文件。

随后，中国政府编制了《中国 21 世纪人口、环境与发展白皮书》，首次把可持续发展战略纳入我国经济和社会发展的长远规划。1997 年的中国共产党第十五次全国代表大会把可持续发展战略确定为我国"现代化建设中必须实施"的战略，将可持续发展拓展到社会、生态、经济 3 个领域。

而我国对生态规划的重视在近年国土空间规划要求中

图1

格外显著，在发展型增量规划调整为控制型存量规划的过程中，生态评价已经完全纳入法定规划的编制体系和要求中。

1.2 绿色建筑评估体系

英国的BREEAM体系（BUILDING RESEARCH ESTABLISHMENT ENVIRONMENTAL ASSESSMENT METHOD）是世界上首个且应用广泛的绿色建筑评估方法。该评估方法始创于1990年，目标是将可持续性和绿色建筑的理念完全植入到城市开发和建筑建造中，实现社会、环境、经济的效益最大化。其核心评价内容包括改善、提高用能效率，提高水的使用，提供环境健康指数和舒适度，考虑材料对环境的影响寿命和项目管理对环境的影响，分别对能源、管理、健康和舒适、交通、水、材料、垃圾、土地利用、污染、生态等环境影响因素打分。

我国绿色建筑评价标准发展始于2006年6月1日，原建设部出台了《绿色建筑评价标准》，这是我国第一次为"绿色建筑"贴上标签。2007年8月，住房和城乡建设部又出台了《绿色建筑评价技术细则（试行）》和《绿色建筑评价标识管理办法》等，相比英国，中国绿色建筑评估体系迟到了16年之久。

1.3 海绵城市概念发展

20世纪90年代末，美国马里兰州率先实施了暴雨管理和面源污染处理技术，旨在通过分散的、小规模的源头控制来达到对暴雨所产生的径流和污染的控制，使开发地区尽量接近自然的水文循环。通过生物滞留设施、屋顶绿化、植被浅沟、雨水利用等措施来维持开发前原有的水文条件，控制径流污染，减少污染排放，实现开发区域可持续水循环。这也是中国当前倡导的"海绵城市"的理念渊源。

2012年4月，2012低碳城市与区域发展科技论坛中，"海绵城市"概念首次在国内提出；2013年12月12日，习近平总书记在中央城镇化工作会议的讲话中强调："提升城市排水系统时要优先考虑把有限的雨水留下来，优先考虑更多利用自然力量排水，建设自然存积、自然渗透、自然净化的海绵城市"，由此海绵城市备受城市建设的重视。

2 欧洲生态规划方式

2.1 生态规划层次

欧洲生态规划与设计理念，全面应用到规划设计的多个层面，包括区域及城市层面、新城规划与建设、特殊功能区、景观公共区域以及生态艺术领域等。

2.2 生态规划实现方式

欧洲生态规划的实施除各层次生态规划的内容编制外，更核心的是依靠生态立法和生态资助两种方式来实现。欧洲的生态立法在区域层面就以立法及条例的形式，对各个行政

区域的生态问题进行法律约束，渗透到法律条例、规划设计、实施建设等多个层面。在行政法律手段的基础上，申请项目具有可执行性时，还可以通过申请生态资助的方式，在经济上保障生态措施的落地。

此外，欧洲公众意识培养与市民参与性也是保障生态可

图3

和绿地）的重要性，要求规划明确划定开放空间结构，各类自然要素（绿地、森林、果园、栖息地）的保护与划定，预留生态廊道，建立复合生态格局，鼓励生态多样性。提倡环境友好型的交通工具，在公共交通网络和慢性网络方面需要满足明确的规划指标。此外，鼓励多种新型能源的应用、倡导社会与社区活力。

《巴登符腾堡州区域发展规划》中明确了生态优先区的定义和划定，同时制定了对自然资源的保护与开发的目标与条例准则，作为生态规划的底线控制。此外还制定了紧凑型城市——交通避免策略、太阳能计划、气候保护计划、城市气候保护政策、废弃物处理政策等一系列措施计划，以此实现生态可持续理念的落地和下一步的建设活动（图2）。

同时欧洲的区域发展规划的计划与措施制定是极其精细化的，例如"交通规划策略"当中，规定首要目标是通过对整个城市的交通路网规划，减少不必要的交通流量，建造一个紧凑型城市。策略制定了一系列量化性的实施导则，例如每个城区都拥有一个高流量中心，减轻其他区域的负担；城市沿主要交通轴线发展，形成中央交通轴，避免交通泛滥；65% 的住宅区临近地铁站，可以通过地铁或者城际轻轨到达不同城区乃至周边城市，城市拥有 500km 自行车路网，并在城市各个空间提供了 9000 个自行车停车位。

3 中国生态规划方法实践
3.1 中国生态规划的理念

自古中国就有天人合一，和谐统一的文化观念，中国的营城理念在众多的古城当中也有所体现，像明清北京城、商丘古城都是非常典型的自然与城市和谐统一的经典案例。这样的城市与自然空间形成天人合一的空间模式，是中国城市文化的自生特色，但在中国城市高速增长的这个特殊历史时期被经济驱动所忽视。

伴随着中国城市建设逐渐步入高质量发展阶段的新时期，生态规划也日益受到重视，未来的城市在生态规划的指引下，城市与自然的图底关系也会逐渐从对立发展到 融合统一。

在中国的规划实践工作中，生态规划一直缺乏强有力的法定地位。在多个项目的实践中总结，生态规划理念的落地实践往往通过两种方式进行，一种是依托法定规划进行落实，通过专项规划或法定图则等形式进行落实。另一种是通过理念渗透的方式，在规划方案设计过程中，将生态持续发展的理念逐步渗透到规划概念生成、土地利用、交通规划、景观设计等各个层面。

持续发展的重要社会途径，广大市民可以通过学校教育、生态主题活动、听证会等方面参与到所有生态城市建设和发展。
2.3 欧洲经典案例——德国巴登符腾堡州区域发展案例

欧洲新城建设长期坚持人性化、城市与环境友好、生态环境可容纳的新城区的发展原则。格外强调自然元素（如水

3.2 规划管控项目实践：实践案例——《宁波象山港区域规划》

该规划区域为宁波象山港临港湾地区（图3），包括北

仑梅山街道、白峰镇、春晓街道，鄞州瞻岐镇、咸祥镇、塘溪镇，奉化莼湖镇、裘村镇等 23 个乡镇（街道）。具体界线依据山脊线及行政界线划定，陆域面积 1775.83km²，海域面积 920.87km²，滩涂面积 171km²，区域总面积为 2868km²。规划尺度超大，属于大片区的总体规划。

该区域面临着工业园区快速发展、围垦计划层出不穷、污染通过河道入海、污水处理厂的闲置、采石筑路景观破坏等多重问题。此外，受经济增长的动力驱使，该区域的生态问题一直难以控制，所以规划的核心目标就是解决生态保护和城市发展的协调问题。

项目在理念层面提出城市发展由"轻保护、重发展"向"保护优先、有序利用"和"全面保护、高效利用"的方式转变的思路。改变过去大而全的城镇空间发展调控规划的方式，转向未来面向海洋时代和生态文明的空间协调规划，这与近年开展的国土空间规划不谋而合。

项目将生态保护和底线控制作为工作的重点，划定基本生态控制线。同时提出"严格保护风景名胜区、森林公园、湿地等，维护生态基底；建立山海廊道，维持生物活动的连贯性；禁止围垦，优化生活岸线，增加生态岸线比重"的生态策略。

最终，规划在开发层面选择了组团岛屿式开发模式，总量控制中确定开发总建设用地占比 13%，而生态用地空间占比 87%。上述内容均作为总体规划的核心内容落实到各个层级的法定规划中，从而保证了生态理念的落地（图 4）。

3.3 理念渗透项目实践：实践案例——《无锡见南湾乡创综合体规划设计》

本案规划作为一个农业综合体的建设性项目，对"田园生态人文"极其关注，在这样的背景之下，提出"山水间的灵魂故乡，风景中的心灵家园"的发展定位（图 5），并制定 3 大发展策略，指导设计理念的落地。

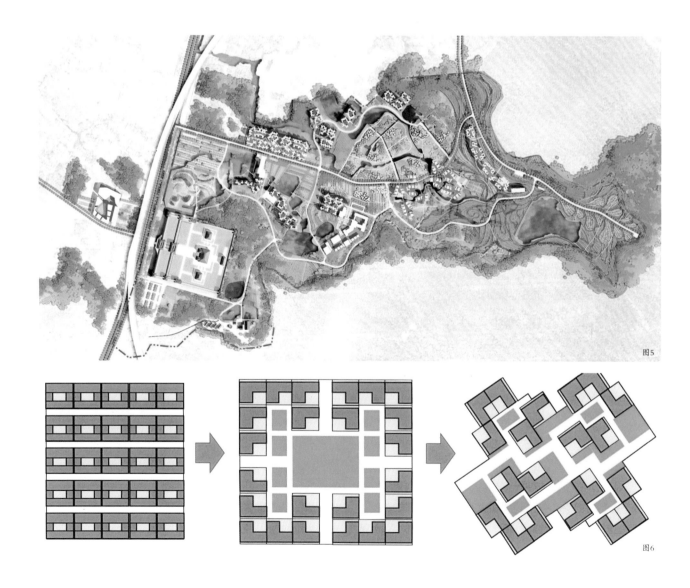

图5

图6

图7

策略一：水绿交融，构建山、林、水、宅、田一体的生态田园景观。制定保护为主，适度性开发策略。项目现状农林资源本底条件较好，以保护为主，局部进行适量开发，减少项目工程量。构建生态与建设和谐共生的空间模式（图6）。

策略二：文脉传承，塑造乡村独特风貌，重现阖闾历史文化。强调文化的可持续性，将项目中南湾村作为一个整体翻建的村庄，列为无锡市乡村振兴的重点项目，定位成阖闾文化旅游区中的一个吴文化村落，以南湾村和阖闾影视基地作为核心现状农田为衬底来承载吴地农耕文化故事及风情再现展，留住乡愁（图1）。

策略三：居业分离，优化原乡空间形态，提高居住生态品质。充分利用项目现状资源和交通路网的组织来进行空间划分，居住区和农耕生产区之间利用道路、景观水系等现状资源与农田进行分隔，使居住区和农业生产两者分离，同时在居住区组团内部增加私有化的林地和田地来满足住户的农耕体验（图7）。

4 结语

生态可持续发展在中国任重道远，目前仍然处于一个探索期，随着城市建设与管理的日益精细化和公众参与的普遍化，未来对生态可持续规划的要求也必然会更高，这对于规划来讲将是更大的挑战，需要我们在生态可持续领域进一步积极探索，不断创新。

图1 无锡见南湾乡创综合体方案效果图
图2 巴登符腾堡州现状
图3 宁波象山港
图4 象山港规划形成"一核两翼、两带三湾"多节点网络化市域空间格局
图5 无锡见南湾乡创综合体规划总平面图
图6 建筑布局模式生成图
图7 无锡见南湾乡创综合体方案效果图

尹化民
YIN HUAMIN

DDON笛东规划事业部设计总监。

基于河北园园林设计引发的地域文化思考
Thinking of Regional Culture Based on the Landscape Design of Hebei Garden

摘要： 随着城市建设的大规模展开，地域文化变得越来越模糊，曾经的一城一品，变成了千城一面。河北展园，有幸荣获世界园艺博览会特等奖。本文通过分析河北园的园林设计，探究如何在传承优秀传统文化的基础上进行发展创新。

Abstract: With the large-scale development of urban construction, the regional culture has become more and more blurred. Once a city with one product, it has become a thousand cities with one side. Hebei exhibition garden was honored with the special prize of the world horticultural exposition. By analyzing the landscape design of Hebei garden, this paper explores how to carry out development and innovation on the basis of inheriting excellent traditional culture.

关键词： 河北园；园林设计；地域文化；创新

Keywords: Hebei Garden, Landscape design, Regional culture, Innovation

1 河北园简介

2019 年中国北京世界园艺博览会（以下简称"北京世园会"）是由中国政府主办，北京市承办的 A1 类世界园艺博览会，是未来 10 年内我国举办的级别最高、规模最大的专业类世博会。河北园是北京世园会中的河北展园，坐落于中华园艺展示区，占地 4350m^2，面积仅次于北京展园（5350m^2），且位置紧邻北京园，处于主要展览区域。

河北园的设计主题为"河北印·冀"，是自然与人文景观在大地上的烙印，融入了丰富的河北特色地域文化特征。我们选取了河北大地上有代表性的地貌文化风景融入整体设计中。为了选取特色元素，我们走遍了河北的山山水水，阅读了大量的文献著作，请教了很多园林设计、园林植物、建筑、史学专家，最终选取了太行山、白洋淀、雄安新区、塞罕坝和长城 5 个颇具河北特色的元素（图 2）。

2 河北园设计要点概述

河北园布局形式为基本对称，适度开敞，符合"因、借、体、宜"造园的基本原则，又追求自然、如画、雅致的美学体验。

在规划整体布局时，我们考察了古莲花池。古莲花池位于历史文化名城保定市区中心，始建于金元之交的公元1227年，原名雪香园，距今已有近800年的历史，是中国十大园林之一。古莲花池不仅以"林泉幽邃，云物苍然"闻名，更因该处的莲池书院而声名远播。莲池实为中国北方古代园林明珠，前人曾用"几疑城市有蓬莱"赞美它，有"城市蓬莱""小西湖"的美誉。古莲花池建筑布局紧凑，水域疏朗。此外我们还考察了御花园，这个后花园布局虽然不是严格对称，但是基本对称，延续了前面宫殿的布局。

河北省的地形地貌为西高东低，我们在进行场地竖向设计时也把这个特点融入其中。门口和最里面长城的位置有大约有10m的高差。

河北园的入口是设计重点（图1）。主入口以"太行山

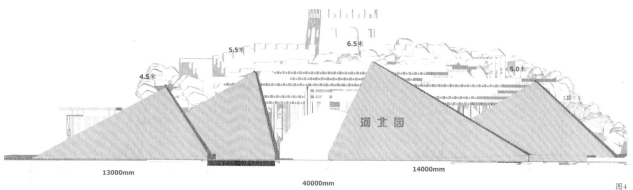

图4

雄拙之势"叠山为主景，展示"八百里太行，气势长虹"。造园之理遵从画理，从古代优秀的绘画作品中感悟到入口叠山之理。

荆浩，唐末至后梁画家。擅画山水，由于长期接触北方的峻岭崇山，叠嶂层峦，所以开创了以描绘高山峻岭为特色的北方山水画派。曾撰《笔法记》一书，论山水画的构思、构图和笔墨技法，被认为是第一部提出完备山水画理论的著作。关仝，五代后梁画家。早年师法荆浩，他所画的山水颇能表现出关陕一带山川的特点和雄伟气势。关仝在山水画的立意造境上能超出荆浩的格局，而表现出自己的独特风格，因而被称为"关家山水"。他的画风朴素，形象鲜明突出，简括动人。两位表现崇山峻岭，笔法硬朗简括，从而达到笔愈简而气愈壮，景愈少而意愈长的意境。

图3是太行山，所谓百仞一拳，其写意手法诠释了太行山的雄浑壮丽、层峦叠嶂，更好地达到设计意境。场地前方约有约2000~3000m²的空旷场地，和对面浙江园有50m左右的距离。此处的大门应突出一个"望"字，也就是宋代郭熙《画论》中的"山水有可行者，有可望者，有可游者，有可居者"。

前后4片叠山，概括出河北山景的特色为"雄""拙"2字。雄，指强有力的；拙，老子云"大直若屈，大巧若拙，大辩若讷。""雄""拙"二字恰能体现大美太行，此所谓自

然有大美而不言。造景用柏坡黄原石下宽上窄堆砌，高度约4.5~6.5m，前后错落，高低有序。最前面带名字的山最高，约6.5m。石组进深6.3m，铺装进深8.4m，掇山收溜550mm，前后假山间距2100mm。掇山错落，引导人们向右前方行进。山体边上巧妙搭配油松，地面用原石条板搭配岩生植物，以达到"笔愈简而气愈壮，景愈少而意愈长"的意境，体现太行山的雄拙气韵，以及层峦叠嶂的八百里太行之风景（图4）。

3 地域文化思考

园林滥觞于河北，邢台市广宗县的沙丘苑台，是历史上有名的宫苑。中国现存最大的皇家园林避暑山庄也在河北。园林文化在河北积淀颇深，但是文化不应该是符号化的，纯粹复古的，而是要结合当代文化，法古变今，才是我们当代风景园林设计师的设计意义，也是我们本次设计副主题传承精髓、法古变今之要义。《园冶》中说"时宜得致，古式何裁"，与时俱进是从古至今一以贯之的，我们当代的设计师并不能一味复古。创新要植根于优秀的传统中，不忘传统且勇于创新。文化作为自然的载体，承接着人与自然间的对话，天人合一作为风景园林的追求始终不变。传承前人的文化，创造属于当代的有价值的文化，不能过度复制以往的文化，避免符号化地模拟再现过去的文化。这样的文化才是真实的，有

价值的，才是属于当代的，有地域特色的文化。

4 设计思考

关于入口叠山，从矿山选料，工厂初步堆叠，前后调整，细节加工，在达到满意效果后，再编号发往现场再次堆叠，最终现场 2 次调整细节再加工。4 片山，前后历时 3 个多月，最前面那块 6.5m 高的山耗时 1 个多月。刚开始没有经验，随着经验的积累后才加快了进度。想要把设计做好，必须要有匠人精神，过程分为 3 个阶段：守、破、离。跟着师傅修业谓之"守"，在传承中加入自己想法谓之"破"，并创自己新境界谓之"离"。如今的商业社会中缺少了匠人精神。匠人精神很难坚持，说着容易做着难。2020 年两会，李克强总理明确倡导了工匠精神，时代使然，我们要勇往直前，不忘初心。

图 5 是雪后照片，此时展会已经落幕。光影投射在雪上，纯粹又寂静。深刻的纯粹与寂静，才能凸显太行的巍峨与雄拙。朴实自然的材料，能够代表时间。入口的山石，在自然风化过程中更能体现出园林中时间的概念。春夏秋冬，寒来暑往，园林经历了这些岁月章回，构架起了天人合一的融洽。

天人合一，从始至终都是园林设计的最高追求。笔者认为园林设计分为三重境界，分别是艺术境界、哲学境界、神仙境界。艺术境界是比较功利的境界，为用而用则图利，设计艺术是实用艺术；哲学境界是一种审美境界，不单纯代表形式美；神仙境界是指道层面的天人合一。神，左半部分是自然，右半部分是通晓，通晓自然，是一个结果。仙，一人一山为仙，讲究的是悟道的过程。通晓了自然的那一刻，人变成了神，即悟道。这就是园林设计的三重境界。

设计信仰即修炼本心，悟道的过程对设计师而言极其重要。本心不是精神也不是物质，是自然与生命的太极循环，生生不息。

赵县柏林禅寺有一桩吃茶去的公案，历来对于此公案的理解仁者见仁、智者见智。唐代赵州从谂禅师曾在这个禅院（当时叫观音院）主持 40 年，发生了"吃茶去""庭前柏树子"等几桩有名的禅门公案，其中最知名的就是"吃茶去"公案。1000 多年前，有两位僧人从远方来到赵州，向赵州禅师请教"何者为禅"。赵州禅师问其中一个僧人："你以前来过吗？"那个人回答："没有来过。"赵州禅师说："吃茶去！"赵州禅师转向另一个僧人，问："你来过吗？"这个僧人说："我曾经来过。"赵州禅师说："吃茶去！"这时，引领那两个僧人到赵州禅师身边来的监院就好奇地问："禅师，怎么来过的你让他吃茶去，未曾来过的你也让他吃茶去呢？"赵州禅师喊了监院的名字，监院答应了一声，赵州禅师说："吃茶去！"对"吃茶去"这 3 个字的看法历来都是见仁见智的，这三字禅有着直指人心的力量，也从而奠定了赵州柏林禅寺是"禅茶一味"故乡的基础。做好当下的事儿，抛除杂念，才能不忘初心。

河北园林站在历史发展的潮头，坚守传统文化的根基，做好当下京津冀协同发展的大局，坚持可持续发展、低能耗、高韧性，给景观更长远的尺度。不忘初心，迎接未来！

图1 河北园入口
图2 河北风景
图3 太行山
图4 河北园效果图
图5 河北园雪后照片

孙学凯
SUN XUEKAI

河北东润风景园林科技有限公司总经理。

基于"黏性"思维的景区更新实践
The Practice of Scenic Renewal Based on "Sticky" Thinking

摘要： 在文旅产业升级、需求多元背景下，以丰富文旅体验、延长景区生命周期为根本需求的景区更新将不断加速。本文运用"黏性"思维理念，并通过相关实践案例创新提出景区更新的发展路径，共同探讨促进景区发展的对策，为景区更新提供新的发展建议。

Abstract: Under the background of cultural tourism industry upgrading and diversified demands, the renewal of scenic spots with the basic needs of enriching cultural tourism experience and extending the life cycle of scenic spots will continue to accelerate. This paper uses the concept of "Stickiness" thinking, and puts forward the development path of the renewal of tourist attractions through relevant practice cases, and discusses taking measures to promote the development of the tourist attractions so as to provide new suggestions for the hardware and software updating of tourist attractions.

关键词： 旅游景区；黏性思维；景区更新

Keywords: Tourist attractions, Sticky thinking, Renewal of sightseeing

1 国内旅游发展现状与问题

近年来，随着旅游业的蓬勃发展，旅游需求逐步由观光休闲向多元体验转变，大众对旅游产品个性化的要求越来越高，人们需要更多的旅游产品来满足精神文化生活。与此同时，政策环境和行业结构的适时调整为旅游业的发展创造了新的机会，文旅行业潜藏着无限的发展机遇。总体而言，我国旅游行业呈现出严重的发展不均衡问题，既有因保护不力而导致生态危机、风貌衰退、设施老旧、城镇联系缺失等老问题，还面临着景区空间封闭、单向静态观赏、功能业态单一等新问题。新老问题的制约为追求"永续旅游"的理念带来了严峻的挑战，也给未来景区的更新带来了不同障碍。

在追求高质量发展的今天，如何实现"永续旅游"的发展目标，其主要路径在于结合需求变化适时调整、合理更新。

2 旅游中的"黏性"理念

　　"黏性"概念最初应用在物理领域中，黏性是流体的固有属性，是运动流体产生机械能损失的根源，黏性过程是一个十分重要的物理吸附过程。本文创新性地将黏性概念应用于旅游行业，希望使景区（或目的地）通过"黏性因子"与游客之间产生独特的吸引力，从而与游客产生某种情感联系，使游客能够持续深入地享受和景区之间独特的黏性体验。

　　众所周知，旅游景区（或目的地）具有"成长-衰减"的生命周期。旅游景区若要突破周期规律实现"永续旅游"，首要通道便是实现滚动式"更新"，而更新的硬核则是建立"黏性"。

　　在建立"黏性"前，首先要转变思维：在观光时代，"好

图1

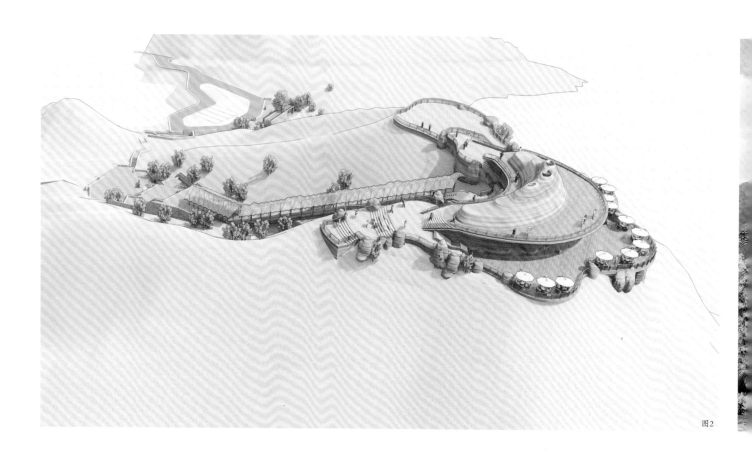

图2

看、好玩、好奇特"是优质景区的基本要求，注重感官体验。未来还需要"有风、有土、有生活"等精神体悟来满足新的需求，所以具有包裹生活的精神体悟是抓住黏性的重要手段。

黏性的核心支撑在于是否具有"瞬间惊爆"的震撼力和"持久温暖"的吸引力，只有二力结合才能形成持久持续的黏合力。瞬间惊爆来源于系列工程的构建，包括独特的景观、赏心的美景、个性的配套乃至旷世的故事等，都可以带给游客惊爆的震撼。这种震撼可以理解为"眼、耳、鼻、舌、身"的体感体验，可称之为"瞬间惊爆"的初体验。"持久温暖"则是内容生产，通过多维度的活主题、软环境等氛围手法，塑造出具有能量场的"能量空间"，构建"意"的精神内核，进而产生绵绵持续的柔性吸引力，可称之为"持久温暖的温柔乡"。只有二力结合才能产生曼妙的化学作用，建造出持续永恒的黏合力。

3 旅游景区更新发展方向

景区更新的目的是保有持续吸客的生命力，在不同阶段满足高质量发展的需求。那么景区更新具体怎么做，方向是什么？本文从以下3点进行简要分析预判。

3.1 景区更新由硬件设施更新向"人—景"交互更新转变

基于消费情景升级的需求，景区更新将不只是硬件设施的更新，更是人与景交互的更新。

在景区消费中，人与空间环境的双向沟通是营造消费气氛的主要媒介，未来所有的消费语境都不再是单向被动的静态展示，而是充满变化的、不确定的人机互动与人景互动。让消费者在所处空间的某个时刻感受到新奇和惊喜，在平淡的体验中感受到变奏的快乐。通过空间设计、材料表达及科技运用创造出适合场所特点的交互场所，使人们能参与到情景互动中，从而形成人与景观场所的交流互动。

3.2 景区更新由单向感官体验更新向"情感交互体验"更新转变

依托感官刺激能获得短时的震撼，但是满足精神需求的情感体悟则需要进行系统构建。

在满足了所有的衣食住行等物质需求的基础上，未来的旅游必然更加细分并直抵游客心灵。景区更新也必然会由单向的感官体验向情感交互的双向体验转变。需要构建起"全方位场景＋深度人文"的复合型体验环境，在让每一处场景都足以震撼、每一组设施都完美无瑕的基础上，打造出让每一个细节都能讲述一段温情故事的、用人文情景营造沉浸式"角色"体验的行为载体。在全景式的视、触、听、嗅觉

及情感交互基础上，与游客达到一种情感上的交流和共鸣，使游客能够"身临其境"地入戏。

3.3 景区更新由人—硬软件交互更新向 "人—人交互体验"更新转变

在消费趋向多元性、多变定性和随机性的特殊情境下，"人—人交互体验"将成为主要目标方向之一。

社会性的人类离不开社群活动，每一次的旅游行为都交织着大量的"人—人"交互过程。有些交互属于必要的服务性交互，比如与各类服务人群的交互等。还有些交互属于具有资源属性的特殊人群交互，比如与原住民、手工艺者等特殊群体，我们仍可称之为服务交互。但最为重要的是共同兴趣主体的人群交互。兴趣交织的人群因兴趣而构建起社群汇聚的体验行为，此类行为又给予了彼此不同的快乐体验，这是景区更新的较高境界。它实现了在某地，因某场景触发而引起了人—人交互的独特体验。比如西双版纳的泼水节每年吸引着数十万的游客集体聚集狂欢，在彼此的交互中，体验指数达到高峰。

殷勤好客的当地居民，专业热情的服务人员，礼貌友善的同行游客都能传递出幸福的满足感，实现情绪感染和彼此共鸣。而共同的兴趣主体则能打造出特殊的"人玩人"体验

网络。优质社群交流共享平台将进一步细分市场，构建起"人玩人"的新体验载体，通过提高服务效率及品质，实现资源流动与整合，给游客呈现一种人与人交互的高意境体验。

4 基于黏性思维的景区创新发展路径与实践

"万法不一"，不同的案子有不同的做法，做项目需要一事一法。前文提到通过构建"黏性因子"使景区保有持续吸客的生命力。目标一致，但路径各不相同。以下通过5个典型案例具体阐述景区更新的技术路径和典型手法。围绕项目的主题、空间、形态、内涵等内容，总结为聚焦灵魂、情景造势、边界嵌入、内涵更替、暖化生活5大手法理念。

4.1 聚焦灵魂：无限深挖聚焦本质内涵

项目主题聚焦是非常重要的一步。鲜明的主题是景区的灵魂和核心，对景区长远发展起着关键性的作用。在旅游规划过程中旅游景区的主题关系着旅游区未来的发展方向和特色。契合实际的旅游主题定位可以充分发挥旅游景区的资源优势，广泛吸引客源。

察尔汗梦幻盐湖景区位于青海省格尔木市柴达木盆地，其盐湖资源总量为 600 亿 t，约占全国盐湖资源量的 1/3（29%），作为世界第二、亚洲第一大盐湖，具备丰富的旅

游资源。一切景观资源因盐而生，所以必须无限放大"盐"的主题。我们探索盐的多种可能性，总结起来就是以"盐"为主角，以"白"为主旋律。借助盐湖打造出盐花、盐景、盐色、盐画、盐屋、盐路、盐滩、盐泽、盐艺术、盐文创等景观，变着花样去讲述盐的故事，呈现盐的景观，构建盐主题的独有体验，将盐文化做到极致，为游客呈现极致的超现实盐境梦幻之旅。

4.2 情景造势：营造浸入式的消费情景

浸入式消费情景是使用陌生新奇的元素进行整体包裹式的氛围营造，引人入戏，创造独特的在地体验。该消费情景旨在为景区吸引更多的"忠实粉丝"，让他们进行多次体验并分享自己的感受，进而触发更多的流量涌入。

兰州水墨丹霞项目是一个以丹霞彩丘为特色的自然景区，放眼四周红绸起伏、彩丘连绵，景色独特，景观怡人（图 2）。为营造和自然相仿相融的环境氛围，我们构建大量曲线元素以营造流动之势。所有设施的立面、色彩和质感全部选用接近自然彩丘的仿夯土肌理，土红色飘带串联整个景区，每一处服务场所都飘荡着自然气息。我们坚持用文化体验来统领自然观光的手法，结合视觉、听觉和触觉构建体验行为。游客在每个角落都能通过视听行为感受景区主题和文化氛围，体验自然、远古和神秘的气氛。游客在游走体验中逐步进入探秘丝路、寻觅丹霞密码的游览主线，循序走进神秘的丹霞世界（图 3）。

4.3 边界嵌入：自然生长的设计

尊重并珍爱每一寸土地和每一片绿地，生态设计的理念应辐射在各个角落。巧妙打破边界的限制，以生态相嵌、氛围相嵌和生活相嵌的方式对待每一片场地，方能实现新旧相融、人景相融、无缝相嵌的自然生长理念。

昆明世博园是世界上展览园区保留最完整的世博园，其中自然生长的参天大树随处可见。昆明世博园西南侧边缘的盘龙寨项目是个特色休闲的商业项目（图 1），方案采用自然相嵌的理念，依山就势分层而筑，错落相连，力争保留每一个见证场地岁月的痕迹。建筑为生态让步，在自然的缝隙里填充布局。我们保留每一棵有价值的树木和每一簇竹林，编写场地上每颗大树的故事，构建起"山—水—林—筑"边界相嵌融为一体的自然生长场地。

4.4 更替代谢：情境决定场景

对于建筑更新而言，不应该只对其立面形式进行"改造"，而应先提升主题、业态和内涵，进而改造立面形式。要立足于重构建筑的使用方式和情景体验模式来展开，也就是情景要决定场景。

世博欧洲小镇项目也位于昆明世博园内，在改造欧洲小镇项目时，我们首先策划主题，提取了四朵花小镇、童话小镇、音乐小镇、文化遗产城市为设计原型，确立了 4 大主题片区：莫奈画境、童话梦境、时空幻境、妙音艺境（图 4）。并以多个国家业态为线展开功能布局和立面改造工作，

复原欧洲特色的生活情趣。其次通过建筑尺度控制压缩街区界面，改变建筑和人的关系，拉近人与建筑的距离，通过风格风情和尺度还原欧洲的生活情景，复兴欧洲舒适闲散的生活情调，打造出主题鲜明、业态繁华、浪漫鲜活的特色街市。

4.5 暖化生活：持久温暖的六感体验

改造是为了提供更好的生活服务体验。实现方法为对冰冷的建筑空间进行暖化能量加持。因此所有的元素、符号、语言、细节等都围绕构建支撑场域的"能量"而设计，情景的暖化有利于人心的暖化。

南亚小镇同样坐落在世博园内，项目精选南亚及东南亚诸国的经典建筑、艺术、生活元素，打造出以泛区域文化为代表的主题片区（图5）。

结合演艺空间和休闲空间构建出活化的具有浓郁地域风情的空间场所。场所内的硬软景观均为特定地域元素，虚实相映，情景交融。伴着异域歌舞、特色佳肴沉浸在持久温暖的特色情景之中。

5 结语

通过坚持以人为本的理念，更新生活服务，活化文化，激发潜藏在特定空间环境下的人文新体验。创新交互消费模式，寻求一条新的黏性发展之路，景区才能永葆持续吸客的生命力和青春活力。希望景区更新让我们国家的文旅产业、文旅事业真正实现"永续旅游"和"高质量发展"！

图1 盘龙寨
图2 兰州水墨丹霞
图3 丝路古途
图4 欧洲小镇
图5 南亚小镇

冯冰
FENG BING

同创文旅联合创始人、文化和旅游专家，
旅游建筑景观设计师。